U0137971

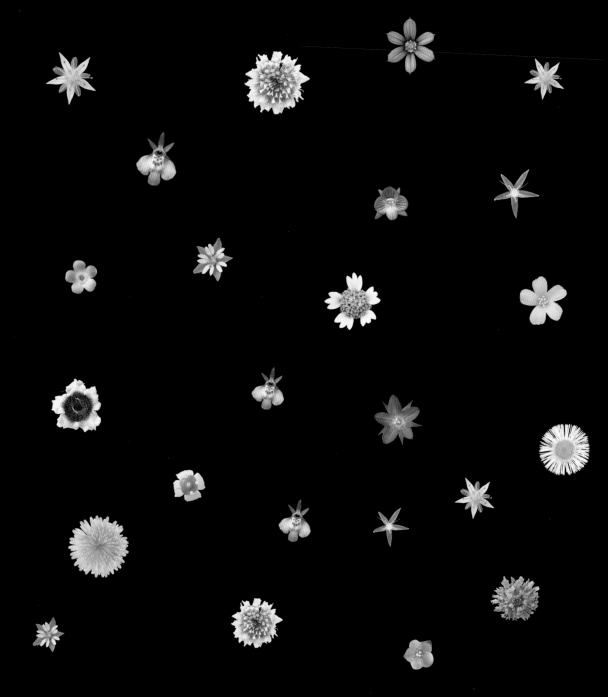

1
ONE

花朵的秘密生活

秘密生活

美しき小さな雑草の花図鑑

多田多惠子 著

大作晃一 摄

吴昌宇 译

中国林业出版社

China Forestry Publishing House

俯下身去细细观察。
你一定会惊奇地发现，
它们是如此地美丽、细腻
而又充满个性。

目录

哪里可以看到杂草的花呢？

美丽而又生机勃勃的杂草们

到杂草的世界中探索一番吧

除了那些人工栽种的花卉、作物，大自然中还有很多植物，无需征询我们的意见，就兀自生长、繁殖，我们一般将这样的植物，称作杂草。

这些杂草即使生长在我们随处可见的庭院、路边等场所，大部分人也会视若无睹。的确，杂草既不像农作物那样有着各种各样的重要用途，它们所开出的花朵也不如园艺花卉那么华丽。如此看来，它们似乎没有任何价值可言，然而，事实真的是这样吗？

当然不是，下次当你再遇到杂草的时候，不妨停住脚步，俯下身去细细观察。你一定会惊奇地发现，它们是如此美丽、细腻而又充满个性，只需一个小小的角落，就能坚韧不拔地扎下根去，绽放出灿烂的花朵。

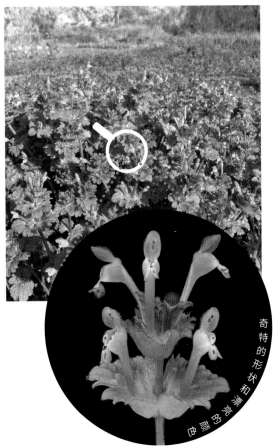

奇特的形状和漂亮的颜色

宝盖草的花形状很奇特，
在叶片上方直立生长，
看上去像不像正在挥手招呼客人？

非常小却又十分可爱的花

附地菜的花朵直径只有 2mm 左右，
茎和花蕾上都密生着白色的柔毛。

9

阿拉伯婆婆纳的花为天蓝色，直径约 1cm。

只要在原野上看到它们的花，那么就意味着春天已经来了。

图例详解

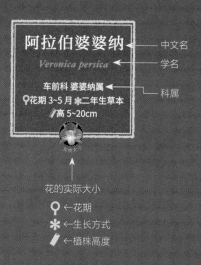

阿拉伯婆婆纳 —— 中文名

Veronica persica —— 学名

车前科 婆婆纳属 —— 科属

♀花期 3~5 月 ✳二年生草本

✎高 5~20cm

花的实际大小

♀ ←花期

✳ ←生长方式

✎ ←植株高度

在野外、公园或自家庭院里寻找杂草吧

在我们的身边，杂草随处可见，比如在野外、农田的周围，或路边、公园的草坪上、花坛和花盆里，甚至水泥马路的细小裂缝中，都能够看到它们悄然绽放的身影。

在一年当中的不同季节，我们能够看到的杂草种类也会有所不同，像早春盛开的阿拉伯婆婆纳和初夏才开花的绶草，都属于"季节限定款"，足以让植物爱好者们欢欣鼓舞。

生长环境也会影响野生植物的种类分布。我们既可以去草地、路边、公园、庭院等不同的环境中寻找不同的植物；也可以在同一个地方连续观察一段较长的时间，这样能够更好地了解同一种植物的生长过程，以及季节的变化对它们所产生的影响。

如果遇到了不认识的植物，可以拍下它们的照片，采集一小部分带着花或果的枝叶，夹在旧报纸里，用重物压平、吸干水分，然后拿去咨询专业人士或是查阅图鉴。

那么，现在就抓紧出门去尝试一下吧，漂亮的小花正等待着你。

只需要一个小小的角落，
就能坚忍不拔地
扎下根去，
绽放出灿烂的花朵。

黄色的花

药用蒲公英

Taraxacum officinale

菊科 蒲公英属
♀花期 3~11 月 ❋多年生草本
🌱高 5~20cm

实物大小

花期过后形成的
"绒球"。

每一枚看上去像
是花瓣的结构，其
实都是一朵小花

果实上的绵毛是
由花萼变化而来，
在花期就能看到
雏形。

菊科植物的每一朵"花"，实际上都是由许多朵花聚成的头状花序。
蒲公英也不例外，它的每一片"花瓣"，都是一朵花。仔细观察，你
会发现每一朵花里都有一个分叉卷曲的雌蕊，如果揪下来，还能
看到果实的前身——子房。而那些未来帮助果实随风飞翔的白色
绵毛，现在就像婴儿的胎毛一样柔软。近年来，来自欧洲的药用
蒲公英数量越来越多，在日本，原产的蒲公英被它挤占得越来越
少见了。

很多小花
聚在一起

花冠由 5 枚花瓣合生而成，顶端 5 裂，呈锯齿状，
花中卷曲的结构是雌蕊的柱头。

菊科小黄花大集合！

这些和蒲公英外形相似的小黄花都是菊科植物，每一朵"花"都是由许多小花组成的头状花序，但是，它们都有着自己的"个性"。

头状花序直径约 1.5cm

小苦荬

Ixeridium dentatum subsp. *dentatum*

菊科 小苦荬属
♀花期 5~7 月 ✹多年生草本
✐高 20~50cm

小苦荬是乡村路旁常见的杂草，茎叶折断后会流出苦味的白色乳汁，为 5~6 枚"花瓣"松散排列。此外，小苦荬在日本还有一个"花瓣"7~11 枚的变种花苦荬，花苦荬的白花型叫做白花苦荬。

译注：花苦荬在我国一般不被看做小苦荬的变种或亚种，所以没有单独的通俗名称。

小苦荬植株上部的叶片抱茎，下部的叶片深裂，形状多变。

头状花序直径约 1cm

稻槎菜

Lapsanastrum apogonoides

菊科 稻槎菜属
♀花期 3~5 月 ✹二年生草本
✐高 4~10cm

稻槎菜基生叶平摊在地面上，春季开黄花。与它相似的还有茎叶斜生、花序更小的矮小稻槎菜以及茎直立的黄鹌菜。稻槎菜为日本的"春之七草"之一。

稻槎菜原本是农田常见杂草，但是近年来由于除草剂的影响，变得越来越少见了。

头状花序直径约 2cm

圆叶苦荬菜

Ixeris stolonifera

菊科 苦荬菜属
♀花期 4~7 月 ✹多年生草本
✐高 8~15cm

圆叶苦荬菜是一种在路边、河堤上匍匐生长的小草，圆圆的叶片看上去很可爱。花序 1~3 朵生于细长的梗上。剪刀股和它长得很像，区别是剪刀股的叶片是细长形的。

圆叶苦荬菜的日文名字写作"地缚"，意思是它们匍匐生长的茎叶看上去就像被固定在地面一样。

头状花序直径约 2.5cm

日本毛连菜
Picris japonica subsp. japonica

菊科 毛连菜属
♀花期 5~10 月 ✱二年生草本
🖊高 30~100cm

日本毛连菜生长在乡间草地里，冬季的叶片在地面平展，开春后会长出直立的茎茎、叶上都有硬毛，摸上去扎扎的，就像父亲们偷懒不刮胡子时的下巴一样。花在晴朗的早晨开放，午后闭合。

头状花序直径约 4cm

假蒲公英猫儿菊
Hypochaeris radicata

菊科 猫儿菊属
♀花期 5~9 月 ✱多年生草本
🖊高 30~50cm

假蒲公英猫儿菊的花形很像蒲公英，茎有分枝。原产欧洲，名字在法语中是"猪的沙拉"的意思，日语直译为豚菜，想想就觉得它有点可怜……

头状花序直径约.2cm

苦苣菜
Sonchus oleraceus

菊科 苦苣菜属
♀花期全年 ✱一或二年生草本
🖊50~100cm

苦苣菜花期从春天一直延续到秋天。花在晴朗的早晨开放，午后闭合。还有一种花叶滇苦菜，和它外形很相似，只不过叶子上有尖刺，摸到了会被扎疼。

茎多分枝，花序长在分枝的顶端。

叶贴在地面生长，只有总花梗高高立起。

叶片边缘锯齿状，基部抱茎，折断后会流出白色乳汁。

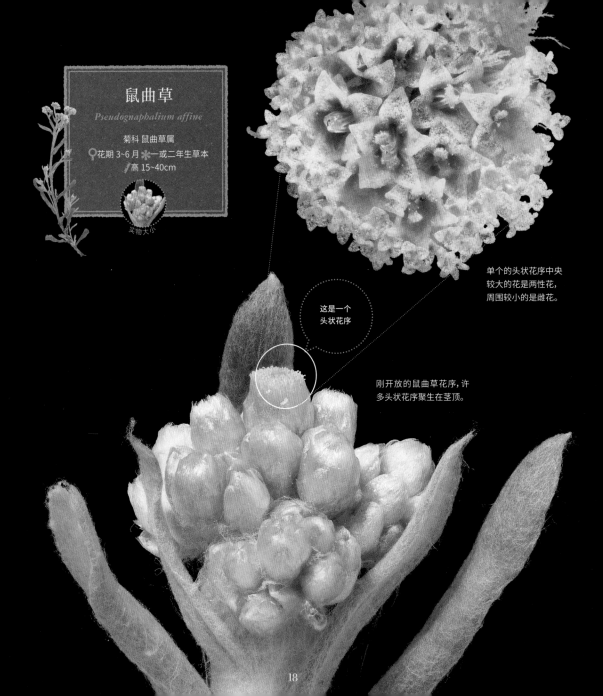

鼠曲草

Pseudognaphalium affine

菊科 鼠曲草属
♀花期 3~6 月 ✳一或二年生草本
🌿高 15~40cm

实物大小

这是一个
头状花序

单个的头状花序中央
较大的花是两性花,
周围较小的是雌花。

刚开放的鼠曲草花序,许
多头状花序聚生在茎顶。

漂亮的「妈妈」，简朴的「爸爸」

这一束粉红色的结构是一个头状花序

粉红色的头状花序外面包裹着多层浅茶色总苞。

在日本，鼠曲草又被称作"母子草"，因是日本"春之七草"之一，而被广为人知。但是被称为"父子草"的细叶鼠曲草，就有很多人不知道了。这两种植物都属于菊科，亲缘关系也算比较近，"妈妈"生长在路边和农田中，花是显眼的黄色；而"爸爸"则经常长在草坪的角落里，茶色的花让它看上去有些土气。

这两种植物的每个头状花序中央都是星形的两性花，边缘围着一圈小一些的雌花，茎叶上布满白色的绵毛。尤其是鼠曲草，摸上去的手感像在摸软软的毛毯。细叶鼠曲草株形直立，会让人联想到欧洲的雪绒花（高山火绒草），但实际上它们并非近亲。

细叶鼠曲草
Euchiton japonicus

菊科 匍茎鼠曲属
♀花期 5~10月 ❋多年生草本
🌿高 5~20cm

实物大小

译注：
根据《中国植物志》等资料，*Euchiton japonicus* 现在被认为是异名，学名应为 *Gnaphalium japonicum*，按此观点，细叶鼠曲草的分类地位就是菊科湿鼠曲草属。

单个的管状花

多朵管状花聚集成花束状。

鬼针草
Bidens pilosa var. pilosa

菊科 鬼针草属
♀花期 8~11 月 ✳一年生草本
✎高 50~110cm

实物大小

带刺的果实，一旦被它缠上就甩不掉了

一个头状花序发育而成的果序。

也有舌状花白色的变种

鬼针草原产美洲热带地区，果实上有尖锐的刺，很容易粘在人的衣服上，挺烦人的。但是它的花却意外得可爱，星形的黄色管状花聚成半球，就像金黄色的花束一样。鬼针草有一个变种的"花束"周围点缀着白色的舌状花，也叫白花鬼针草。

花期过后，花萼顶端会变得尖锐刺人

管状花从正上方看呈星形。

利用黏性
的苞片，
把整个花序
粘到动物身上

像不像绿色的
海星？

黄色的头状花序周围有黏糊糊的总苞苞片，
中央是管状花，像花瓣一样展开的是舌状花，它们开花后都会迅速结果。

22

毛梗豨莶

Siegesheckia glabrescens

菊科 豨莶属

♀ 花期 9~10 月 ✳ 一年生草本

🌿 高 35~100cm

毛梗豨莶的花序中央是黄色的管状花，周围的舌状花花瓣边缘 3 裂。花序下向四周伸出的绿色"触腕"，是由叶片演变而来的总苞苞片，其中有 5 枚比较长，还有许多短的重叠在一起，上面生有突出的腺毛，腺毛顶端有黏液。种子成熟后，如果人或动物不小心碰到了苞片，它就会从基部脱落，带着果实一起粘到人或动物身上，依靠这种方式把种子运输到远方。

整个花序都黏黏糊糊

和同属的腺梗豨莶花形很像，它们都生活在乡村的路边。

总苞的内侧连着瘦果

果实依靠黏液粘在人和动物身上，和苍耳不同，苍耳是依靠钩刺。

花冠 5 深裂,基部合为一体

从正上方看,雌蕊位于花的正中央,花冠裂片的基部合生。

小茄是庭院和路边常见的小草，茎贴着地面生长，叶腋处长出小小的花和果实。小茄花冠黄色，花冠裂片和萼片都是 5 片，5 枚雄蕊呈放射状排列。茎、叶和花萼上都有软软的柔毛。因为它的果实圆圆的，上面还宿存着花萼，所以古人把它和茄子联想到了一起，其实它并不是茄科植物。小茄的果实直径大约 3mm，能在这么小的果实上注意到细节，先人的观察力还真是厉害。

从下方可以看到短小的花柄，茎叶和萼片都有很多毛，摸上去绒乎乎的。

有很多毛

像不像茄子

小小的果实像茄子

小茄

Lysimachia japonica

报春花科 珍珠菜属

花期 5~10 月 多年生草本

高 2~20cm

实物大小

虽然名字叫小茄，但和茄子并不是近亲。

月见草属植物大集合！

月见草也叫待宵草，这是因为它们的花总是等着日落后才开放，到了天明就凋谢了。月见草的故乡是美洲大陆，作为园艺植物引入日本，后来逸为野生。月见草幼时的叶片在地面上平展，长大后生出直立的茎。黄色的花朵会趁着月光在夜间开放，花瓣 4 枚，花下看上去像花柄的部分，其实是它们的萼筒，其中含有甜美的花蜜。夜间活动的飞蛾被花的甜香味吸引，前来采食花蜜，同时帮助它们传粉，结出果实。

月见草

Oenothera biennis

柳叶菜科 月见草属

♀花期 6~9 月 ✳二年生草本

✎高 50~100cm

在空地或河滩上丛生，茎直立，日落后花蕾会马上开放。

裂叶月见草

Oenothera laciniata

柳叶菜科 月见草属

♀花期 5~10 月 ✳二年生草本

✎高 10~50cm

在海岸、河滩的沙地上匍匐生长，叶缘有锯齿状深裂，花朵凋谢前会变红。

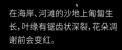

月见草属植物的花粉具有黏性，连成丝状，可以粘在飞蛾的身上。

黄花月见草

Oenothera glazioviana

柳叶菜科 月见草属

♀花期 7~9 月 ✳二年生草本

📏高 80~150cm

它拥有直径 8~10cm 的漂亮大
花,在海岸和河滩上偶尔能够
见到,也作为观赏植物种植。

待宵草

Oenothera stricta

柳叶菜科 月见草属

♀花期 5~8 月 ✳二年生草本

📏高 50~100cm

月见草属最早传入日本的种类,不
过现在已经不常见了,叶片细长,
花形较大,凋谢前会变成红色。

仔细观察一下
花的中心吧

雄蕊长短各 5 枚，花中心黄绿
色的五角形结构是雌蕊的柱头

酢浆草

Oxalis corniculata

酢浆草科 酢浆草属

♀花期 4~10 月 ✳多年生草本
📏高 10~30cm

实物大小

茎在地面匍匐生长。

酢浆草在庭院角落里很常见，有着3枚一组的可爱心形小叶，入夜后就会像睡着了一样闭合起来。由于花青素的含量不同，酢浆草的叶有红、绿两种色型，就好比人的不同发色，红叶色型的花上也会有红色的花纹。花朵的中央是柱头5裂的雌蕊和10枚长短不同的雄蕊，用放大镜仔细观察，会发现它们像宝石一样精致美丽。酢浆草的花在太阳下开放，大约4小时后闭合。如果天气不好，有可能会一整天都不开。果实成熟后受到触碰时，会炸裂，把种子崩出来。

红叶型的酢浆草，花的中央会有红色的花纹。

让人心动的
花中宝石

花瓣呈明显的覆瓦状排列

乍一看有点像秋葵，只要一碰，种子就会噗地飞散出来。

入夜后，花和叶都好像睡着了一样

29

一朵皱果蛇莓花，从外向内的结构依次是
萼片、花瓣、雄蕊、雌蕊，其中雌蕊生长在半球形的花托上。

20 枚雄蕊围
成一圈

皱果蛇莓

Potentilla hebiichigo

蔷薇科 委陵菜属
♀花期 4~6 月 ✱多年生草本
✐高 3~10cm

实物大小

仔细看看花的中央吧
能看到果实的雏形

皱果蛇莓是路边常见的小草，花和果实都像童话《白雪公主》中的小矮人一样娇小可爱。它与近亲草莓一样，果子成熟后的膨大红色部分是果托，上面一粒一粒的不是种子而是果实。如果仔细观察，会发现皱果蛇莓花中央有个半球状的结构，上面生长着许多雌蕊，那就是将来发育成果托的花托，花瓣是心形的，下面有萼片和副萼，样子很像草莓的蒂。

一个个的小颗粒才是真正的果实

正中央一粒一粒黄色的凸起是柱头，将来会发育成果实

花萼有两层，上面的是真正的萼片，下面的是副萼。

果子虽然没有毒，但是味道一点都不甜，口感像吸了水的海绵。

31

珠芽景天

Sedum bulbiferum

景天科 景天属

🌸 花期 5~6 月 ☀ 多年生草本

📏 6~20cm

实物大小

叶腋处的珠芽脱落后
会长成新植株

虽然会开花,但
是不能结果

珠芽景天是生长在山坡路旁的小型多肉植物,非常耐旱。"珠芽"指的是它叶腋处的小芽,芽上长有数枚小叶,脱落后就能发育成新植株。珠芽景天的花看上去就像放射的星光,但是却不能结出果实和种子,依靠珠芽来无性繁殖。所以它的后代拥有同样的基因,都是母株的克隆体,不会发生遗传变异。虽然感觉有点浪费,不过珠芽景天的花却依然每年开放,并没有因此而退化。

全株肉质,
茎贴着地面匍匐生长。

珠芽就像微缩
的植株一样

花期过后,珠芽会落到地面上,生根发芽。

花瓣、萼片、雄蕊排列得精致整齐

萼片、花瓣、雄蕊、雌蕊都像星光一样放射排列，不过却不能结果。

33

花瓣闪闪发亮

在日语中，毛茛也叫金凤花，有些品种的雄蕊会变成花瓣状，形成重瓣的花朵。

毛茛

Ranunculus japonicus

毛茛科 毛茛属

花期 4~6 月 ☀多年生草本

高 30~70cm

实物大小

毛茛的果实顶端光滑。

钩柱毛茛

Ranunculus silerifolius var. glaber

毛茛科 毛茛属
♀花期 4~7 月 ❋多年生植物
📏高 15~80cm

实物大小

黄色的花瓣可以
吸引昆虫

花瓣比毛茛细长。

花
瓣
带
有
特
殊
光
泽
的
毛
茛
科
兄
弟

毛茛和钩柱毛茛都是乡下路边的常见野花，它们的花瓣上有珐琅光泽，这是因为花瓣表皮下方的细胞中富含淀粉，从而形成了特殊的反光效果。二者花中都是很多雄蕊环绕着雌蕊，每一个瓣状的离生心皮将来都会发育成一枚瘦果，这种果实叫做聚合果。虽然花很可爱，但是毛茛和钩柱毛茛都是有毒的植物，牛马之类的牲畜一般不会采食，所以经常看到它们在牧场成片生长。

钩柱毛茛的果实顶端钩状。

花的结构

花的各部分名称

以油菜花为例，说明花的各个组成部分的名称。

柱头
雌蕊的一部分，接受花粉的部位

子房
雌蕊最基部的部分，成功受粉后会发育成果实，种子就在果实内部。

花柱
雌蕊的一部分，连接柱头和子房。

雌蕊

花瓣
决定花形和花色的最主要部分，往往有着吸引昆虫的功能。

雌蕊
植物的雌性生殖器官，成功受粉后，基部会发育成果实。

花药
雄蕊顶端的袋状结构，内含花粉。

蜜腺
分泌花蜜的部位，并不是所有的植物花中都有蜜腺。

雄蕊

花丝
雄蕊的一部分，负责支撑起花药。

雄蕊
植物的雄性生殖器官，顶端的花药可以释放花粉。

萼片
位于花瓣的外层，一般起到支持和保护内部结构的作用。

花柄
在花下起支撑作用的柄。

一般来说，一朵花包括萼片、花瓣、雄蕊、雌蕊这几个基本结构，它们从外向内依次排成数轮。雄蕊释放出的花粉传播到雌蕊柱头上的过程就叫做授粉。授粉成功后，雌蕊基部的子房会逐渐膨大，发育成果实，果实的内部就包含着植物的新生命——种子。

以上所说的只是花的基本结构。在漫长的演化过程中，植物的

花朵出现了丰富多彩的变化，有些花有着独特的花瓣着生方式和空间结构，花朵形状就仿佛立体拼图一般复杂。

很多昆虫都以花粉、花蜜为食，花朵的多样化，实际上是和这些昆虫的多样化并行的。比如在地球历史上，豆科植物就是和蜂类同时出现的演化组合，

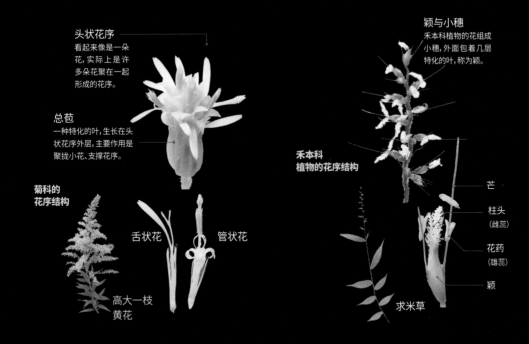

头状花序
看起来像是一朵花,实际上是许多朵花聚在一起形成的花序。

总苞
一种特化的叶,生长在头状花序外层,主要作用是聚拢小花、支撑花序。

菊科的花序结构

舌状花　　管状花

高大一枝黄花

颖与小穗
禾本科植物的花组成小穗,外面包着几层特化的叶,称为颖。

禾本科植物的花序结构

芒

柱头
(雌蕊)

花药
(雄蕊)

颖

求米草

豆科的花瓣具有复杂的空间结构,就像机关重重的小箱子一样,必须要按下特定的位置,才能打开机关,钻进花中取食花蜜。

菊科的花则是朝着另一个方向高度特化,它们的每一朵"花",实际上都是由许多小花组成的头状花序。整个头状花序就像是一个合资公司,内部有着分工和合作,有些小花负责广告宣传,还有些小花负责生产种子。

在多种多样的花中,还有一些种类选择了别的战略,那就是利用风来传播花粉,叫做风媒花。风并不需要

植物提供什么回报,所以风媒花也完全不必费心思宣传自己,比如禾本科植物,它们穗状花序的外面包裹着颖,这是一种坚硬的特化叶片,能够随风摇摆的雄蕊和表面积很大的毛穗状雌蕊就探出颖外。颖的顶端经常形成尖锐的芒,可以扎疼动物的嘴,保护营养丰富的籽粒。当籽粒成熟脱落后,芒会像钻头一样落在土中,帮助籽粒潜入土里。

杂草丛生的庭院

现在回过头来想一想，我观察自然的原点其实是庭院。小时候，每当在院子里摘花儿和叶子玩耍，或者发现昆虫的时候，都会令我雀跃不已。

我家的院子很小，一直以来，除了特别栽种的花草树木，还有着各种各样的昆虫和动物。如访花采蜜的蜂类、食蚜蝇和蝴蝶、身躯庞大的蟾蜍，以及蚁蛛、地蛛、螳蟒等蜘蛛，都是院子里的常客。

因此，我们从不喷洒农药，如果闹了蚜虫，就靠食蚜蝇的幼虫和瓢虫来消灭；如果毛虫成灾，就借助马蜂和山雀来吃光。就这样，在都市之中的小小庭院里，建构了一个食物链非常健全的生态系统。

在庭院之中，杂草是非常重要的配角。虽然人们总是不自觉地就把目光投向那些漂亮的园艺花卉，但实际上野草在维持庭院生态稳定上起到了很大的作用，它们用自己的茎叶填饱各种食草昆虫的肚子，转移了昆虫对花卉的侵害；还轻轻地覆盖在树木的根部，防止阳光直晒土壤，保证了土壤湿度。小孩子们在玩过家家游戏时候，也经常摘取它们的花和叶当做道具。当然了，如果完全放着杂草不管，它们很快就会又高又密。适当地清除采收一部分，不仅不会影响生态，反而能提高院子里的生物多样性。而且到了春天，繁缕和蛇莓的漂亮绿叶和可爱的小花在院子里到处可见，还有那初夏盛开的蕺菜、只在夏季清晨开放的鸭跖草、中秋时节的长鬃蓼和金线草，全都能给我带来季节变化的讯息。

所以可以说，这本书的起点，其实就是我家那杂草丛生的小院。

白色的花

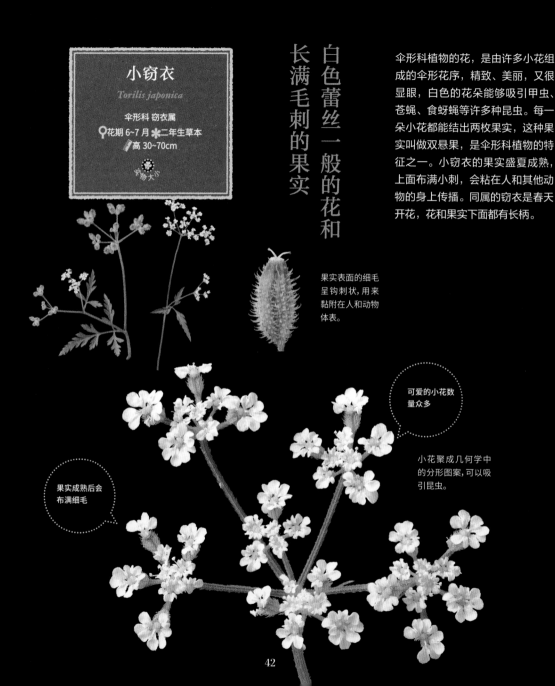

小窃衣

Torilis japonica

伞形科 窃衣属

花期 6~7 月 ✳二年生草本

高 30~70cm

实物大小

白色蕾丝一般的花和长满毛刺的果实

伞形科植物的花，是由许多小花组成的伞形花序，精致、美丽，又很显眼，白色的花朵能够吸引甲虫、苍蝇、食蚜蝇等许多种昆虫。每一朵小花都能结出两枚果实，这种果实叫做双悬果，是伞形科植物的特征之一。小窃衣的果实盛夏成熟，上面布满小刺，会粘在人和其他动物的身上传播。同属的窃衣是春天开花，花和果实下面都有长柄。

果实表面的细毛呈钩刺状，用来黏附在人和动物体表。

可爱的小花数量众多

小花聚成几何学中的分形图案，可以吸引昆虫。

果实成熟后会布满细毛

42

花瓣边缘波状，好像蕾丝一样

小窃衣每朵花都有 5 枚心形的花瓣，靠近花序外侧的花瓣会比较大。花朵盛开后，5 枚雄蕊就会向内弯折。

43

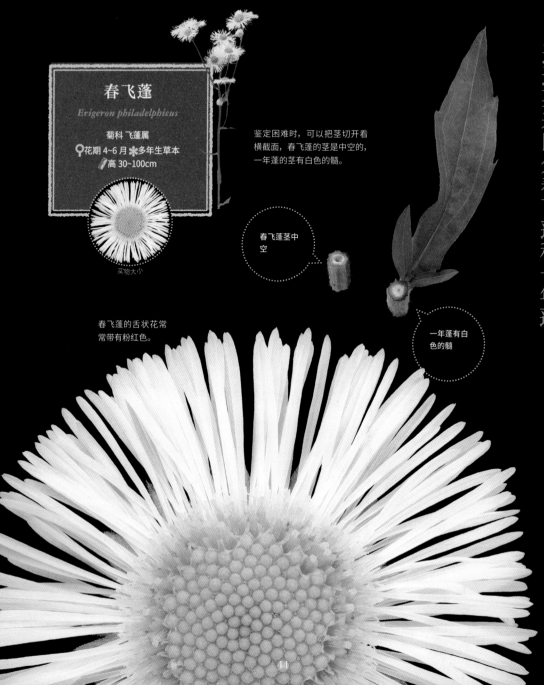

春飞蓬

Erigeron philadelphicus

菊科 飞蓬属

♀花期 4~6 月 ✳多年生草本

📏高 30~100cm

实物大小

鉴定困难时，可以把茎切开看
横截面，春飞蓬的茎是中空的，
一年蓬的茎有白色的髓。

春飞蓬茎中空

一年蓬有白色的髓

春飞蓬的舌状花常
常带有粉红色。

通过茎来区分春飞蓬和一年蓬

一年蓬的舌状花白色

一年蓬和春飞蓬都是菊科飞蓬属的植物，外形很相似，它们的头状花序外周都是白色的舌状花，中央的黄色管状花中富含花蜜，可以吸引昆虫。这两种植物的原产地都是北美洲。春飞蓬是多年生植物，一年蓬是一年生或二年生植物。除此之外，它们的区别还有花期（春飞蓬春季，一年蓬夏秋）、叶基形态（春飞蓬叶基抱茎，一年蓬不抱茎）、茎的横截面（春飞蓬中空，一年蓬有髓）、花蕾（春飞蓬粉红色、下垂，一年蓬白色、直立 等。

一年蓬

Erigeron annuus

菊科 飞蓬属

♀花期 6~10 月 ✳一或二年生草本
♂高 30~130cm

实物大小

45

直径
5毫米
的精巧花束

花序外侧有 5 朵王冠形状的白色舌状花，中央是许多像星星一样的黄色管状花。

花序形状像勋章一样！

看上去像是一片花瓣,其实是一朵舌状花

这是一朵管状花

白色的舌状花和黄色的管状花都能结果。

花柄和茎上都有很多毛。

粗毛牛膝菊原产美洲,是日本路边常见的杂草,它的花柄和茎上都有长柔毛和腺毛,很容易吸附灰尘,看上去又脏又破。不过它的花却像"鲜花插在牛粪上"一样,看着不起眼,用放大镜观察会发现它实际非常漂亮,仿佛绣有金线的勋章,花序周围有白色的花边,中央是黄色的花束,凋谢结果后又会大变身,顶着白色绵毛的瘦果聚在一起,就好像新娘的手捧花一样。

轻飘飘的手捧花

瘦果顶端有白色绵毛,可以随风飘散。

粗毛牛膝菊
Galinsoga quadriradiata

菊科 牛膝菊属
♀花期 6~10 月 ✳一年生草本
📏高 10~60cm

译注:
粗毛牛膝菊在日语中汉字写作掃溜菊,"掃溜"意为垃圾堆,
形容它茎叶容易吸附灰尘。
根据《中国植物志》记载,
粗毛牛膝菊在我国仅见于庐山,
但现在实际已经在我国各地形成入侵种群。

每一朵花都能结果,聚在一起有这么多!

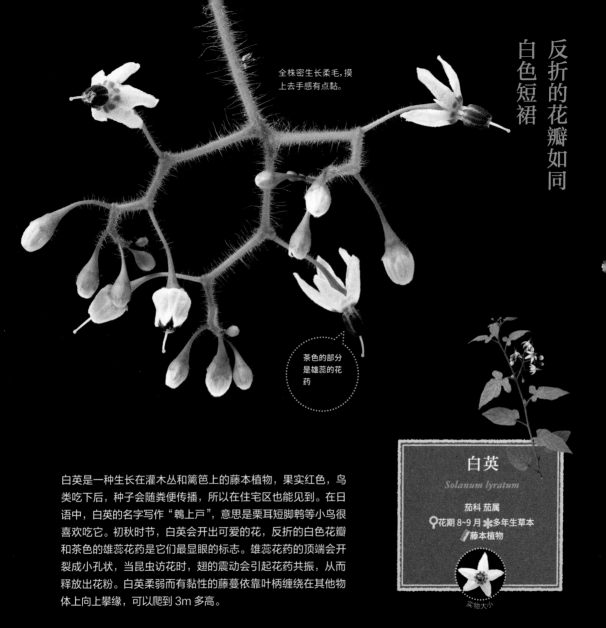

全株密生长柔毛，摸
上去手感有点黏。

反折的花瓣如同
白色短裙

茶色的部分
是雄蕊的花
药

白英是一种生长在灌木丛和篱笆上的藤本植物，果实红色，鸟类吃下后，种子会随粪便传播，所以在住宅区也能见到。在日语中，白英的名字写作"鹎上戸"，意思是栗耳短脚鹎等小鸟很喜欢吃它。初秋时节，白英会开出可爱的花，反折的白色花瓣和茶色的雄蕊花药是它们最显眼的标志。雄蕊花药的顶端会开裂成小孔状，当昆虫访花时，翅的震动会引起花药共振，从而释放出花粉。白英柔弱而有黏性的藤蔓依靠叶柄缠绕在其他物体上向上攀缘，可以爬到 3m 多高。

白英

Solanum lyratum

茄科 茄属
♀花期 8~9 月 ✱多年生草本
🖊藤本植物

实物大小

48

同一根枝条上的叶,形状也会有变异,有些深裂,也有些不裂。

从正面看,花朵5枚雄蕊的花药上各自都有2个小孔,花瓣上的花纹可以引导昆虫降落。

红色的果实就像微型番茄一样

花药顶端有小孔

49

雌蕊柱头粉
红色

垂序商陆的花格外美丽。每
朵花都有 5 枚花瓣、10 枚雄
蕊,雌蕊内部分成 10 室,顶
端的柱头是粉红色的,这是
它接受花粉的部位。

雌蕊的柱头残存在果实顶端

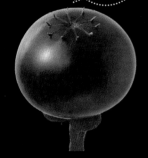

成熟后的黑色果实充满紫红色的汁液，内含 10 粒种子。

花序上的花从基部向上逐渐开放。

像灰姑娘的南瓜马车一样大变身

垂序商陆

Phytolacca americana

商陆科 商陆属

♀花期 6~9 月 ❋多年生草本

✎ 高 100~180cm

实物大小

垂序商陆是原产于北美洲的大型草本植物，根部粗壮，形状有点像人参和牛蒡，但和它们完全没有关系，而且全株有毒，不能食用。垂序商陆的果实像葡萄串一样下垂生长，成熟后呈黑色，挤破以后会流出紫红色的汁水，所以英文名字叫 Ink berry（墨水浆果）。仔细观察的话，会发现它们的白色花朵中有南瓜形的雌蕊，内部分为 10 室，但是果实发育后，室间的间隔会消失，愈合成一团液态组织，不过每个果实中的种子数量还是10 个。

雄花的雄蕊
直立

雄株花序直线型, 花中有 8 枚凸起直立的雄蕊, 雌蕊退化, 不能结果。花粉释放完毕后, 雄花就会凋谢。

在日本, 虎杖的身影遍布山区和城市。它的茎叶中含有草酸, 吃起来有酸味, 夏秋季节从下垂枝条上的叶腋处开出白色的穗状花序。虎杖是雌雄异株的植物, 雄株的花上有显眼的雄蕊, 此外, 雌、雄株的花序形状也有所不同, 雄株的花序笔直, 花白色; 雌株的花序有分枝, 花常常带红色。不管是雌花还是雄花, 它们看上去像花瓣的部分其实都是花萼, 花期过后, 雌花上的 3 枚萼片会宿存, 像 3 片翅膀一样把果实包在中央。

虎杖

Fallopia japonica var. japonica

蓼科 虎杖属

花期 7~10 月 ✱多年生草本

高 50~150cm

实物大小　　实物大小

雌花的雌蕊半透明,闪亮而有光泽

雌株的花拥有半透明的雌蕊,仿佛在害羞地向外窥探,周围有一圈短短的退化雄蕊,下方3片带尖头的结构就是萼片,果期会变成翼状。

穗状花序上的小

花有雌雄之分

雌株的果序常有分枝,3枚宿存萼片像翅膀一样,把果实包在中间,秋末成熟后会变成白色,质地干燥。

有些植株的花带红色。

53

鸡肠繁缕

Stellaria neglecta

石竹科 繁缕属

♀花期 3~11 月 ☀一或二年生草本
📷 高 10~30cm

实物大小

鸡肠繁缕是庭院和路边常见的小草。在日本，自古以来就作为"春之七草"之一而被食用，小鸟也很喜欢吃它。它的每朵花都有 5 枚花瓣，但是每片花瓣都从基部分为 2 叉，所以看上去像是 10 枚。雄蕊和雌蕊靠得很近，就算是没有昆虫访花，也能自花结实。图片中的鸡肠繁缕在日本也叫绿繁缕，茎、叶都是鲜艳的绿色；还有一种近缘种叫繁缕，茎常带有紫红色，二者在民间往往不做详细区分，统称为繁缕。

日本『春之七草』之一
的小白花

花瓣看上去像
是 10 枚，其实
是 5 枚。

属名 *Stellaria* 在拉丁语中是星星的意思，这是在描述它们星形的花朵，仿佛比夜空中的一等星还要明亮。

粉红色的花药里
装满了花粉

雌蕊柱头 3 裂, 花瓣形
状像兔耳朵。

蚤缀
实物大小

Arenaria serpyllifolia

石竹科 蚤缀属

🌼花期 3~6 月 ✹一或二年生草本

📏高 10~25cm

在古人的想象中，跳蚤会用蚤缀细小的叶片做衣服，所以给它起了这么个名字。图片中的蚤缀是茎叶生有腺毛的类型，最近在日本越来越多，可能会成为外来入侵植物。

蚤缀常见于干旱的路边，花瓣上没有缺刻。

石竹科的小白花大集合！

怎么到处都有和繁缕样子差不多的小花啊？

我们来认识一下这些在春日路边星星点点地绽放的石竹科植物吧。

鹅肠菜
实物大小

Myosoton aquaticum

石竹科 鹅肠菜属

🌼花期 4~10 月 ✹二年生草本

📏高 20~50cm

鹅肠菜和繁缕同属，它们的茎叶都比较大，植株也高。花也一样，都是 5 枚花瓣，每枚花瓣上都有深裂，看上去像是 10 枚，雌蕊柱头 5 裂。

鹅肠菜在乡村路边常见，茎上单侧有毛。

译注：原学名为 *Stellaria aquatica*，根据最新的《中国植物志》，鹅肠菜从繁缕属中划分出来，成立鹅肠菜属，学名改为 *Myosoton aquaticum*。

漆姑草

Sagina japonica

石竹科 漆姑草属

♀花期 3~7 月 ☀一或二年生草本

📏高 2~20cm

漆姑草是庭院、路边的常见小草，就算经常被踩踏也能开花，并且还能利用人的鞋底来传播种子。在日语中，漆姑草的名字叫做爪草，这是因为它们细长的月牙形叶片像爪子。它们的花有着可爱的卵形花瓣。

漆姑草的雄蕊 5 或 10 枚，雌蕊柱头 5 裂。

喜泉卷耳

Cerastium fontanum

subsp. vulgare var. angustifolium

石竹科 卷耳属

♀花期 4~6 月 ☀二年生草本

📏高 15~30cm

喜泉卷耳茎叶密生短柔毛和腺毛，摸上去有点黏，花瓣和萼片等长，尖端有樱花花瓣一般的浅裂。在日本，由于外来种球序卷耳的入侵，喜泉卷耳的数量有所减少。

喜泉卷耳在山地路边常见，茎直立，带有暗紫色。

球序卷耳

Cerastium glomeratum

石竹科 卷耳属

♀花期 4~5 月 ☀二年生草本

📏高 10~45cm

球序卷耳外形和喜泉卷耳很相似，不过花柄较短，密集生于茎顶，萼片长度约为花瓣一半，叶色浅绿，有腺毛。现在日本城市街道中见到的一般都是球序卷耳。

10 枚雄蕊围成一圈，就像时钟表盘一样。

可爱的小花！
花蜜的反光都
清晰可见

十字形花冠中有 6 枚雄
蕊围绕着雌蕊，其中内轮
4 枚较长，外轮 2 枚短小，
属于四强雄蕊。

一个花序中的花蕾会顺次开放

心形的嫩果从花瓣中间悄悄探出头。

角果心形,内部生有种子。

荠

Capsella bursa-pastoris

十字花科 荠属

♀花期 3~6 月 ✳多年生植物

📏高 10~50cm

实物大小

在寒冷的冬季,荠的地上部分只有贴着地面生长的基生叶。到了早春时节,可爱的小花会在直立地上茎的顶端从下往上顺次开放。荠所属的十字花科,每朵花的萼片和花瓣都是 4 枚,雄蕊 4 长 2 短,共计 6 枚。荠花有一个小秘密,在开放后期,花中的 4 枚可育雄蕊会靠近雌蕊,自花传粉,结出心形的短角果。

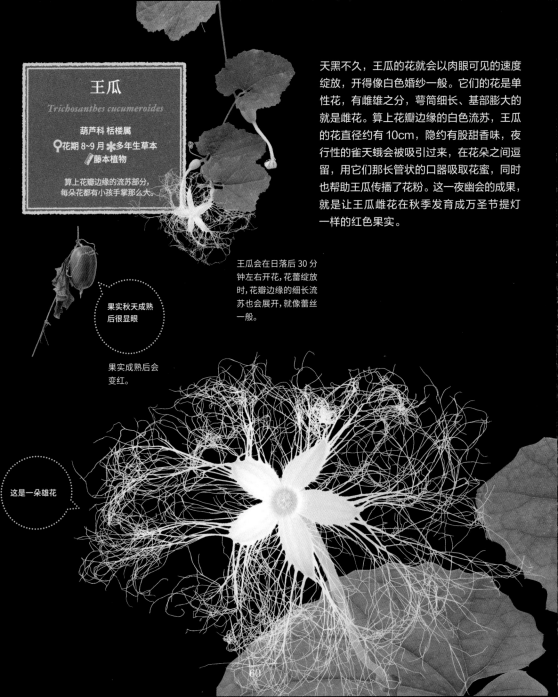

王瓜

Trichosanthes cucumeroides

葫芦科 栝楼属

♀花期 8~9 月 ❋多年生草本
🖋藤本植物

算上花瓣边缘的流苏部分，
每朵花都有小孩手掌那么大。

天黑不久，王瓜的花就会以肉眼可见的速度绽放，开得像白色婚纱一般。它们的花是单性花，有雌雄之分，萼筒细长、基部膨大的就是雌花。算上花瓣边缘的白色流苏，王瓜的花直径约有 10cm，隐约有股甜香味，夜行性的雀天蛾会被吸引过来，在花朵之间逗留，用它们那长管状的口器吸取花蜜，同时也帮助王瓜传播了花粉。这一夜幽会的成果，就是让王瓜雌花在秋季发育成万圣节提灯一样的红色果实。

果实秋天成熟后很显眼

果实成熟后会变红。

王瓜会在日落后 30 分钟左右开花，花蕾绽放时，花瓣边缘的细长流苏也会展开，就像蕾丝一般。

这是一朵雄花

62

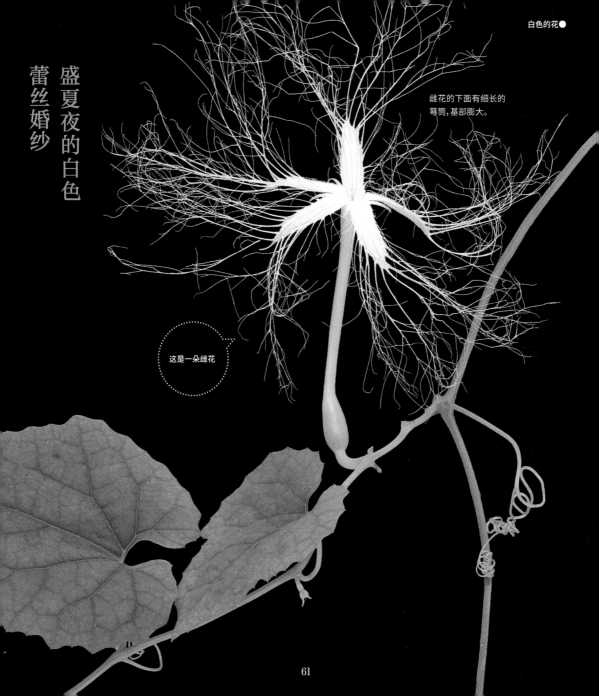

盛夏夜的白色
蕾丝婚纱

雌花的下面有细长的
萼筒，基部膨大。

这是一朵雌花

白车轴草的花在花序中顺次开放,就好像喷涌的泉眼一般。飘散而出的甜香味让周围的空气都变得平静下来。

白车轴草

Trifolium repens

豆科 车轴草属

♀ 花期 5~8 月 ❋ 多年生草本

📏 高 5~15cm

别名：三叶草

实物大小

偶尔能发现 4
片叶子的变异

花的正面像蝴
蝶吗

还是从侧面看
更像蝴蝶吧？

草地中的
白色绒球，
想把它摘下来编成
花环
让人好

白车轴草的花就像原野中的绒球，摘下来可以编成花环。它本来是欧洲的牧草，在草地、路边很常见，花柄和茎的柔韧性都很好，十分耐踩踏。白车轴草绒球一般的花序由数十朵小花组成，外周开败的花会下垂，中央的花蕾继续开放。蜜蜂和熊蜂会巧妙地吸取花中的蜜，同时给白车轴草传粉作为回报。

花开败后会
下垂

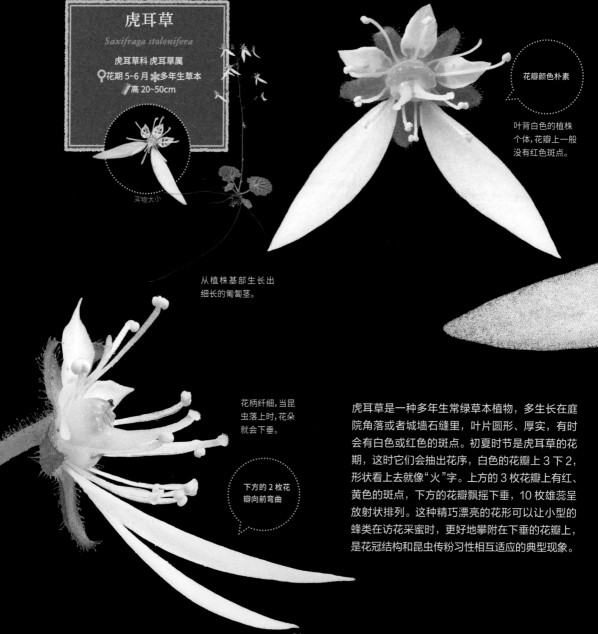

虎耳草

Saxifraga stolonifera

虎耳草科 虎耳草属
♀花期 5~6 月 ✳多年生草本
📏高 20~50cm

实物大小

花瓣颜色朴素

叶背白色的植株
个体,花瓣上一般
没有红色斑点。

从植株基部生长出
细长的匍匐茎。

花柄纤细,当昆
虫落上时,花朵
就会下垂。

下方的 2 枚花
瓣向前弯曲

虎耳草是一种多年生常绿草本植物,多生长在庭院角落或者城墙石缝里,叶片圆形、厚实,有时会有白色或红色的斑点。初夏时节是虎耳草的花期,这时它们会抽出花序,白色的花瓣上 3 下 2,形状看上去就像"火"字。上方的 3 枚花瓣上有红、黄色的斑点,下方的花瓣飘摇下垂,10 枚雄蕊呈放射状排列。这种精巧漂亮的花形可以让小型的蜂类在访花采蜜时,更好地攀附在下垂的花瓣上,是花冠结构和昆虫传粉习性相互适应的典型现象。

3 枚漂亮的
花瓣

红、黄色的斑点是明显
的标志，雌蕊的两枚花
柱彼此分开，基部的黄
色区域会分泌花蜜，雄
蕊依次释放花粉。

红黄两色的斑点是
最大的魅力所在

囊状的凸起中
含有花蜜

明明只是小小的一
朵花，却装满了花蜜，
如同美人一般吸引
昆虫。

花和叶都很小，
是经常被人忽略的
美丽杂草

天葵

Semiaquilegia adoxoides

毛茛科 天葵属

♀ 花期 3~5 月 ❋ 多年生草本

📏 高 10~30cm

✿ 实物大小

看起来像花瓣
的结构其实是
萼片

天葵生长在乡村的路边和草地里，由于花朵太过小巧，说它是杂草可能更合适一些。但如果仔细观察它那低垂在纤细枝头的小花，啊，简直像美人一般漂亮。天葵和同科近亲耧斗菜的花很相似，看上去像是花瓣的结构，其实是 5 枚萼片，真正的 5 片花瓣生长在花萼的内侧，是淡黄色的。花瓣基部的小凸起叫做距，内部装满了花蜜。雌蕊由 3~4 个离生心皮组成，结出的果实形状像四叶草。

叶形与乌头
有些相似，所
以在日语中
的名字叫姬
乌头。

蓇果成熟后会
像口袋一样开
裂

种子长度只有 1mm，
会七零八落地散播到
周围。

可爱的雄花和
不起眼的雌花形成
鲜明对比

雌花的花冠比
较收拢

雌花多生于枝条基部,
花瓣比雄花窄,红色
更为鲜艳,因为花冠
一般比较收拢,所以
不太显眼。

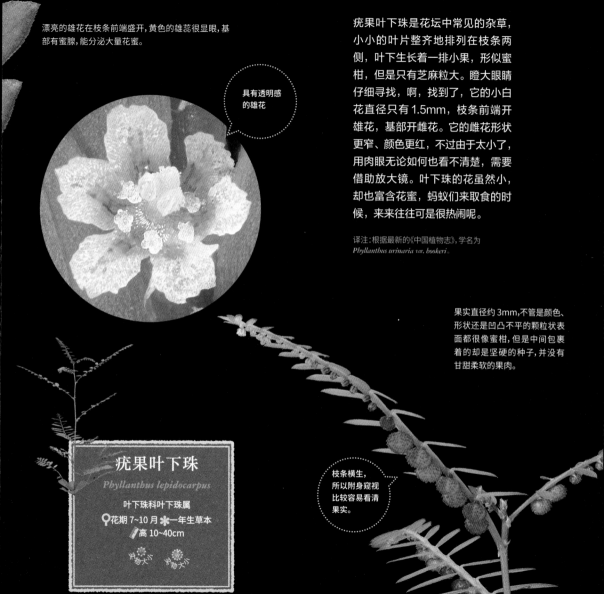

漂亮的雄花在枝条前端盛开，黄色的雄蕊很显眼，基部有蜜腺，能分泌大量花蜜。

具有透明感的雄花

疣果叶下珠是花坛中常见的杂草，小小的叶片整齐地排列在枝条两侧，叶下生长着一排小果，形似蜜柑，但是只有芝麻粒大。瞪大眼睛仔细寻找，啊，找到了，它的小白花直径只有 1.5mm，枝条前端开雄花，基部开雌花。它的雌花形状更窄、颜色更红，不过由于太小了，用肉眼无论如何也看不清楚，需要借助放大镜。叶下珠的花虽然小，却也富含花蜜，蚂蚁们来取食的时候，来来往往可是很热闹呢。

译注：根据最新的《中国植物志》，学名为 *Phyllanthus urinaria var. hookeri*。

果实直径约 3mm，不管是颜色、形状还是凹凸不平的颗粒状表面都很像蜜柑，但是中间包裹着的却是坚硬的种子，并没有甘甜柔软的果肉。

疣果叶下珠

Phyllanthus lepidocarpus

叶下珠科叶下珠属

🌸花期 7~10 月 ❋一年生草本

📏高 10~40cm

实物大小　实物大小

枝条横生，所以附身窥视比较容易看清果实。

蕺菜也有更为绚丽美观的重瓣品种。

蕺菜

Houttuynia cordata

三白草科 蕺菜属
♀花期 5~7 月 ✿多年生草本
🌡高 15~50cm

实物大小

既能观赏,也可以当做蔬菜和调料食用。

蕺菜也叫鱼腥草,在古代曾经被当做贵重的药草,现在则是非常具有代表性的杂草。在庭院的背阴处也能茁壮生长,四处蔓延,全株都有强烈的鱼腥味,许多人都不太喜欢它。不过仔细观察的话,会发现蕺菜那心形的叶片和十字形的白花也挺漂亮的呢。蕺菜花中看上去像是花瓣的白色结构是总苞,实际是特殊的叶。中央的穗状花序上,一朵朵小花自下而上顺次开放,每朵花上都没有花瓣,只有雌蕊和 3 枚雄蕊,结构非常简单。黄色的花药是吸引昆虫访花的标记。

这是一朵花

蕺菜的花中只有雄蕊和雌蕊，没有萼片和花瓣。雄蕊一共 3 枚，雌蕊有 3 个花柱，柱头为白色。

看上去像花瓣的结构其实是特殊的叶

穗状花序的下方，有 4 枚白色的总苞帮着招蜂引蝶。

71

花是虫子们的餐厅

日本铁线莲

来者不拒

有些花敞开大门接待所有昆虫,它们花形平展,方便降落,不管是谁都可以来采食花粉和花蜜。

宽果蒲公英

夏枯草

只接待灵巧的昆虫

有些花的花蜜和花粉藏在内部,从外面看不到,只有一些能够钻进去或是掰开花瓣的蜂类才能吃到。

很多花朵就像是昆虫们的餐厅,植物给昆虫提供了花蜜和花粉,凭借五颜六色的花被和甘美的香气来吸引客人。

我们人类世界中有许多不同的餐厅,昆虫们的餐厅也同样五花八门,有些植物的花如家常菜馆一样,可以接待各种各样的客人;也有些花就像是特色小店,只有少数熟门熟路的客人才能顺利吃到。

那些向上方开放、花粉和花蜜可一览无余的花,一般就属于"家常菜馆"型,其中还有一些由许多小花组成,就像大排档一样。这类花大多是黄色或白色的,小型的蜂类、蝴蝶、蝇类、食蚜蝇、花金龟等昆虫都是店里的常客。虽然每一个客人提供的利润不大(不能传播很多花粉),但是来往的客人的数量很多,植物可以通过薄利多销的方式盈利。

百脉根

自备吸管的客人
请进!

有些花是细长的管状,里
面的花蜜只让口器细长
的蝶、蛾类吸到,就像是给
它们专供的鸡尾酒吧。

海州常山

节黑蝇子草

石蒜

还有一些花朝向侧方或者下方开放,它们大多都是"特色小店"型,店内的情况从外面窥探不到,只有破解了入口处的机关,钻进狭窄的悬空过道以后,才能进入店里落座消费。最擅长这种"杂耍"的昆虫就是熊蜂、蜜蜂等蜂类,它们像热情的回头客一样,在同类植物的花间巡回,快速高效地传播花粉。蜂类喜欢蓝、紫色调,所以这类型的花也大多是蓝、紫色系,它们把蜂类当成贵客招待,同时也把其他昆虫排除在外。

蛾、蝶类鳞翅目昆虫拥有细长、中空的虹吸式口器,与它们相适应的是那些拥有长管状花冠的花,花中的蜜只提供给自带吸管的客人。这类花中,有不少都是又大又红,这是为了吸引凤蝶科的蝴蝶。凤蝶体型较大,而且和很多其他昆虫有个不同点,那就是能够看到红色。还有一些花是吸引夜行性的蛾类传粉,花色以白为主,在黑暗环境中很显眼,同时还能散发出强烈的香味,方便客人寻香而至。

数不清的玩法

我们是从什么时候开始在阳光灿烂的旷野上玩耍的呢？摘下白车轴草的花编花环，寻找传说中能带来幸运的四叶草，一口气吹光蒲公英的绒球，揪下车前的花序轴拔根儿，吹响草叶玩过家家，我的指尖至今都仿佛鲜活地保留着当时的触感。

古人也会用杂草来玩很多游戏，比如说，他们会切下蒲公英的花序轴，捏扁比较细的那一头，然后放在嘴里，吹出哨子一样的"噗噗"声。还可以把花序轴两端细细切成条，稍微蘸一下水，就会向外反卷，这时找一根草棍从中间穿过，用嘴一吹，就能咕噜咕噜地转动，有人说它像风车，也有人觉得像水车。还有就是荠菜，揪下它们的果序，倒过来捏着捻动，就能发出沙啦沙啦的声音，好像拨浪鼓一样。

这些过去的玩法，有的还在植物的现代名字里留下了痕迹。比如紫堇科的夏天无，在日语中的名字写作"次郎坊延胡索"，这是因为古代人会玩一种类似拔根儿的游戏，把两朵花别在一起，向两边拉拽，被拉断的那一边就输了。在这种游戏里，堇菜总是能赢过夏天无，所以人们就叫堇菜"太郎"，夏天无叫"次郎"，"次郎坊延胡索"的名字就是这么来的。我们在组织野花观察活动的时候，都很喜欢玩这个游戏，"太郎"确实总能取胜。另外，这个游戏也可以用两朵堇菜来玩。

我回忆了一下，我自己还在上小学的时候，就经常去山野中玩耍了，比如徒步寻找植物，成堆成堆地采蘑菇，去溪流的上游探险，用树枝做弓箭射着玩……嗯，和现在好像也没什么太大区别嘛。

蓝、紫色的花

数量众多的长
丝状小花

每个花序中的花从外向内顺次开
放,外侧的花已经开放了相当长时
间了,内部的花往往还是花蕾。

就算是在以尖刺著称的蓟属当中，翼蓟也是数一数二的强力武装集团，它们在日本属于外来物种，繁殖能力很强，能在路边、荒地中迅速扩张地盘。由于翼蓟的刺十分尖锐，所以现在日本各地都在号召人们清除它。翼蓟的花序总苞样子就像刺鲀一样，每个花序中平均有 200 ~ 300 朵小花，最多的能有 500 余朵，这些小花展开成半球形，每朵花都像丝线一样细长，授粉后也都能发育成果实，翼蓟的瘦果顶端有着降落伞一般的冠毛，可以随风飘远，扩张势力范围。

译注：翼蓟在我国新疆为原生植物，并未向东部地区大面积扩散。

全身布满尖刺、外形非常夸张的蓟

这是一朵小花

翼蓟

Cirsium vulgare

菊科 蓟属
♀花期 6~9 月 ✳多年生草本
🗡高 50~100cm

实物大小

全都是刺！

主要原产地是欧洲茎、叶和花序总苞上都有尖刺。

蓟和翼蓟同属，在日本，是山野草地中的原住民。

穿叶异檐花

Triodanis perfoliata

桔梗科 异檐花属

♀花期 5~7 月 ☀一年生草本

📏高 20~80cm

实物大小

桔梗 花朵众多的缩小版

穿叶异檐花与桔梗外形相似，但是花朵更小，并且在茎上排成一列，顺次开放。它的故乡是北美洲，作为观赏植物引入日本，后来逸为野生。如果仔细观察，会发现它们那可爱的小花随着开放的过程，表情也在不断变化。刚刚绽放时，雌蕊柱头是闭合着的，随后才张开成三瓣。为什么会这样呢？这是它防止自花传粉的策略，让雌蕊只能接受昆虫带来的其他花朵的花粉，避免与自己的花粉结合。

译注：
穿叶异檐花在我国的情况与日本类似，
在一些地区形成了入侵种群，
但没有造成严重生态问题，尚待观察。

花生于叶腋和茎顶。

刚开花时雌蕊
柱头闭合

开放后期的雌
蕊柱头张开成
3 瓣

花朵刚开的时候，雄蕊先成熟，释放出花粉，这时雌蕊柱头闭合，不能接受花粉。一段时间后，雄蕊的花粉散尽，雌蕊才张开柱头接受花粉。

花形很像桔梗

漂亮的小花有时会不开放就
直接凋谢，植株上也会有以
花蕾状态直接结果的闭锁花。
闭锁花和普通花的区别是萼
片不是 5 裂而是 3 裂。

81

小小的花
聚成花束，
仿佛是给蝴蝶献上的礼物

花朵们一边说"快来呀，快来呀"，一边从花序中探出头去，平展的花冠既是面向昆虫的广告牌，又是方便它们停留的落脚地。

柳叶马鞭草

Verbena bonariensis

马鞭草科 马鞭草属

♀花期 7~9 月 ✳多年生草本

✐高 100~150cm

实物大小

小花聚成花束

柳叶马鞭草的花序生长在高挑、直立的茎顶，外形就像花束一般，这是要献给谁的呢？其实是献给蝴蝶的。它的每一朵花都是细长的圆筒形，就像是注满花蜜的玻璃杯，能够吸到其中花蜜的昆虫，那就只有口器细长的蝴蝶了，它们给花朵带来的回报就是帮助传粉。柳叶马鞭草原产于南美洲的草地和河滩，同属还有一种狭叶马鞭草和它的外形很相似。

这是一朵花

花冠的下部呈管状，直径约 1mm、长约 1cm，内部存满了香甜的花蜜。

花的正面观，其实是分上下的，上方裂片 3 枚，下方裂片 2 枚，花冠筒的内侧有密密麻麻的毛。

83

在
田
间
小
道
上
长
成
花
毯

黄色的斑纹可
以引导昆虫进
入花中

通泉草花的正面观。
花蜜储存在花的最深处。4
枚雄蕊分成两组，从生长在
花冠筒上唇的两侧至"穹顶"
的位置握手。

花冠下唇上生有钝毛，
作用也是引导昆虫向
内深入。

匍茎通泉草

Mazus pumilus

通泉草科 通泉草属
♀花期 4~11 月 ❁多年生草本
📏高 5~20cm

实物大小

通泉草

Mazus miquelii

通泉草科 通泉草属
♀花期 4~5 月 ✳一年生草本
📏高 3~15cm

实物大小

花的深处
有蜜

通泉草和匍茎通泉草的外形非常相似，都
开淡紫色的二唇形花。花冠上唇比较
小、2 裂，下唇宽大、3 裂，上面还
有橙红色的斑点。这些斑点就像飞
机跑道上的指示灯一样，引导飞
虫准确地降落，随后钻进花冠内
部采蜜，同时给花朵传粉。这两
种植物的主要区别是，匍茎通泉
草的花较大，约等于通泉草花的
2 倍大小，颜色也更鲜艳。它们植
株的形态也略有不同，通泉草多生
于庭院、路边，茎直立，花期从春到
秋。而匍茎通泉草一般生于田埂、湿地中，
茎匍匐，花也贴着地面开，花期主要是春
季。

匍茎通泉草的花
形比较饱满。

雌蕊柱头位置在花药外面，分成上下两片，受到
触碰后会闭合。这也是防止自花传粉的策略，迫
使它只能接受外来昆虫带来的花粉。

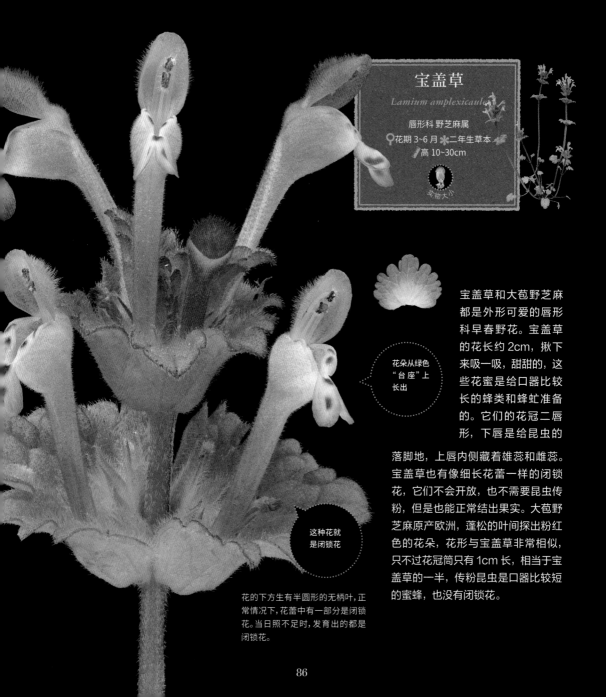

宝盖草

Lamium amplexicaule

唇形科 野芝麻属

♀花期 3~6 月 ☀二年生草本

✎高 10~30cm

实物大小

花朵从绿色"台座"上长出

这种花就是闭锁花

宝盖草和大苞野芝麻都是外形可爱的唇形科早春野花。宝盖草的花长约 2cm，揪下来吸一吸，甜甜的，这些花蜜是给口器比较长的蜂类和蜂虻准备的。它们的花冠二唇形，下唇是给昆虫的落脚地，上唇内侧藏着雄蕊和雌蕊。宝盖草也有像细长花蕾一样的闭锁花，它们不会开放，也不需要昆虫传粉，但是也能正常结出果实。大苞野芝麻原产欧洲，蓬松的叶间探出粉红色的花朵，花形与宝盖草非常相似，只不过花冠筒只有 1cm 长，相当于宝盖草的一半，传粉昆虫是口器比较短的蜜蜂，也没有闭锁花。

花的下方生有半圆形的无柄叶，正常情况下，花蕾中有一部分是闭锁花。当日照不足时，发育出的都是闭锁花。

大苞野芝麻的叶心形、有柄，表面布满柔毛，茎上部的叶带有紫红色。

花朵从红色的叶间伸出

从台座一样的叶子上长出粉红色花朵

花冠呈筒状

大苞野芝麻

Lamium purpureum

唇形科 野芝麻属

♀花期 4~5 月 ❋二年生草本

✎高 10~25cm

实物大小

87

在石缝中
畅通无阻
的藤蔓

蔓柳穿鱼

Cymbalaria muralis

车前科 蔓柳穿鱼属

🌸花期 4~11 月 ❋多年生草本

🔖高 2~5cm

叶片是圆圆的心形,藤蔓
状的茎紧贴地面或墙面
匍匐延伸,和园艺植物柳
穿鱼是同科近亲。

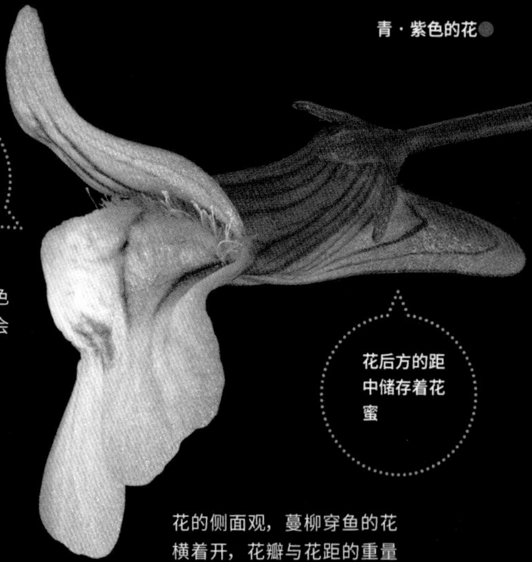

黄色的斑纹可以引导昆虫降落

按下突出的黄色部分，花冠就会张开口。

花后方的距中储存着花蜜

花的侧面观，蔓柳穿鱼的花横着开，花瓣与花距的重量巧妙地保持着平衡。

蔓柳穿鱼的花形像小兔子，可爱的小叶片与常春藤有异曲同工之妙。这种小草原产于欧洲，作为观赏植物引种到世界各地，经常逸为野生，在墙缝等环境中定居下来。乍看上去，蔓柳穿鱼的花上并没有开口可以让昆虫进入，但是当蜂类昆虫落在黄色的斑纹上时，下唇就会突然下降，露出开口。随后，访花蜂类就会钻进花冠内部，从细长的距中吸取花蜜。临近凋谢时，花柄会伸长，把果实送到地面之下。

花的正面观看上去没有开口，黄色的斑纹指示着昆虫去按下秘密大门的开关。

母草

实物大小

Lindernia crustacea

母草科 陌上菜属

♀花期 8~10 月 ☀一年生草本 📏高 5~20cm

这是田地和公园里常见的小杂草。花的直径约 5mm，花色为漂亮的渐变紫色，长短两对雄蕊在花冠上唇汇合，就好像握手一样。

果实被包裹在宿存花萼里，剥出来才能看清

唇形花大集合！

唇形花冠是由 5 枚花瓣合生到一起形成的，上面的 2 枚组成上唇，下面的 3 枚组成下唇。这种花的内部有比较深的立体空间，花蜜和花粉从外面看不到，是只有能把花粉带入花中的昆虫才能享受到的贵客待遇，其他不能传粉的昆虫则受阻于花冠的精巧构造，无法进入。另外，很多唇形花都是紫色系的，这是蜂类喜欢的颜色。

爵床

实物大小

Justicia procumbens

爵床科 爵床属

♀花期 8~10 月 ☀一年生草本 📏高 10~40cm

爵床的穗状花序层层叠叠、排列紧密，苞片之间开出粉红色的花。小花宽大的下唇是给飞虫预备的着陆台，上面的白色斑纹是引导昆虫进入的蜜导，它的传粉昆虫主要是小型的蜂类和蝶类。

层层叠叠的穗状花序就像狐狸尾巴一样，莫非它实际上是变化成小草的狐狸精

金疮小草

Ajuga decumbens

实物大小

唇形科 筋骨草属

♀花期 3~5 月 ❋多年生草本

📏高 5~15cm

仔细观察就能发现金疮小草花上的秘密入口，花冠内部藏有香甜的花蜜，雌蕊和 4 枚雄蕊就贴在上唇内部，静静地等待着访花昆虫的到来。

茎叶趴在地面生长，看上去就像是个盖子

味道芳香，做成天妇罗很好吃

日本活血丹

Glechoma hederacea subsp. grandis

实物大小

唇形科 活血丹属

♀花期 4~5 月 ❋多年生草本

📏高 5~25cm

日本活血丹常常在草丛和路边成片生长，能开出漂亮的小花。花冠长度约有 2cm，内部有花纹，钟形的花冠筒可以把蜜蜂等昆虫完全包住。花期过后，茎会贴着地面匍匐延伸生长。

看上去是 4 枚花瓣，
其实下面是连在一
起的，是一个花冠
上的 4 枚裂片

雄蕊 2 枚，花色碧蓝，正面看
上去也有点像人脸，不过每朵
花的形态都有差异，就好像摆
出了各种各样的表情。

阿拉伯婆婆纳

Veronica persica

车前科 婆婆纳属

♀花期 3~5 月 ✳二年生草本

✐高 5~20cm

实物大小

花朵如同仰望星空
的碧蓝眼瞳

像不像呢

在日语中，婆婆纳属的名字叫做"犬の陰囊"，这是因为它连在一起的两枚果实形状和狗的阴囊相似。

阿拉伯婆婆纳原产于欧洲和亚洲中部，现在是常见的杂草，经常在草地、路边成片生长。阿拉伯婆婆纳的花期是春季，被温暖的阳光照射后才会开放，傍晚就会闭合，每朵花的寿命不过两三天，然后花瓣就会纷纷掉落。虽然看上去是 4 枚花瓣，不过它们的基部是合生到一起的，所以是一个 4 裂的花冠。花冠也有上下之分，盛开后，下方的一枚裂片会比较小，颜色也更浅。花冠的中央有层层叠叠的毛，香甜的花蜜就积存在毛与毛之间，是访花昆虫的主要目标。

与其说像茄子，倒不如说像小西瓜

果实幼嫩时绿色，有花纹，秋天成熟后会变黄。

北美刺龙葵

Solanum carolinense

茄科 茄属

♀花期 6~10 月 ✳多年生草本

📏高 50~100cm

北美刺龙葵的茎叶布满尖锐的硬刺，如果不小心碰到就很容易被扎疼。它原产地是北美洲，在中国、日本都逸生为杂草。它的花和茄子花很相似，紫色的花瓣和黄色的雄蕊形成鲜明的对比色。雄蕊的花药很有意思，顶端有小孔，一般情况下，花粉并不会从孔中散出，这个时候蜜蜂会采取一种聪明的策略，那就是停靠在花上以特定的频率振翅，所带来的空气振动会让花粉从小孔中喷出，如此一来，蜜蜂就可以采集到花粉了。

实物大小

茎和叶上都长有很多尖刺

北美刺龙葵浑身带刺、繁殖力强，再加上体内富含有毒的茄碱，所以让农民和牧场主很头疼。

94

浑身尖刺的『坏茄子』

黄色筒状的部分就是花药，顶端的孔是散播花粉用的。

花药顶端有小孔

淡蓝色和明黄
色对比鲜明

附地菜花的形状和颜
色都很像同科近亲勿
忘草，花冠中央有黄
色的附属物，是引导
昆虫采蜜的蜜导。

附地菜

Trigonotis peduncularis

紫草科 附地菜属

🌸花期 3~5 月 ✳二年生草本

📏高 15~30cm

实物大小

具有
黄瓜香味
的清秀小蓝花

花序轴尖端
卷曲

花期刚开始时，花序是卷曲的，等到所有的花都开完，花序就会变得笔直。

附地菜淡蓝色的花，会让人联想起电影《爱丽丝漫游奇境》中女主角爱丽丝穿的蓝色裙子。附地菜常见于日照良好的路边、公园之类的地方，叶片揉碎后会散发出黄瓜的清香味。花朵很像勿忘草，但是更小，浅蓝色的花冠中心长着 5 个明黄色的附属物，包围着花冠筒的小小开口。雄蕊和雌蕊都生长在花冠筒内，帮它传粉的昆虫是一些口器细小的蜂类。附地菜的花在花序上的生长方式也很有意思，花序轴尖端卷曲，随着花朵从下往上顺次开放，花序轴也会逐渐伸直。

茎和花萼上都布满白色柔毛。

董菜紫色的
可爱小花，花距与花瓣
保持着前后平衡

后方的距是花
蜜的仓库

从侧面看，会发现
它的花就像是被
花柄从中央吊起
来一样。

东北菫菜
Viola mandshurica

菫菜科 菫菜属
♀花期 3~6 月 ✳多年生草本
🌱高 5~15cm

实物大小

东北菫菜是日本众多菫菜属植物中的代表种，在农村
的野地、路旁和城市柏油路边的缝隙里，常常能够看
到它们深紫色的花。东北菫菜的花横向开放，有 5 枚
花瓣，下方花瓣的基部向后延伸出长长的距，距中存
有花蜜，和前方的花瓣一起，保持着花朵的前后平衡。
入夏之后，东北菫菜会开出闭锁花，也就是花蕾不开
放，直接发育成果实。

译注：
"菫"这个汉字，在日语中既可以泛指各种菫
菜属植物，也可以特指东北菫菜这一种。在
我国，东北菫菜只是菫菜属植物中的普通一
种，没有什么特别的称呼。

颜色和花纹都
绝妙非凡

访花的昆虫主要是蜂类和
蜂虻,下方花瓣上的条纹
如同饭店的大门,雌蕊和
雄蕊就像门卫一样等待着
客人的到来。

紫花堇菜最大的特征,就
是它那浅紫色的花上深
紫色的条纹显得很雅致。

另一种常见的
堇菜——紫花
堇菜

花聚成总状花序,花色除了紫色以外,也有白色型的个体。

刻叶紫堇的花有着非常巧妙的机关。它的 4 枚花瓣中,上下花瓣比较宽大,上花瓣的后方有距,2 枚内花瓣一左一右,在中间像握手一样合并到一起,花蜜藏在距中。昆虫要如何才能吃到呢?只需要向下按压中间的内花瓣,通往花蜜的道路就会显现出来,同时,雄蕊和雌蕊也会伸出,借助昆虫的身体来传粉。

雄蕊和雌蕊就藏在中央的两枚内花瓣之间

下花瓣是让昆虫落脚的地方

这样的花已经是盛开状态了,昆虫要把中央的花瓣按下,才能钻进花中采蜜。

花的正面观。紫色、宽大的是上、下花瓣，
中间白色部分是并到一起的两枚内花瓣。

拥有巧妙的机关，
触碰到特定部位
就会张开

刻叶紫堇

Corydalis incisa

罂粟科 紫堇属
花期 4~6 月 ✳ 二年生草本
高 20~50cm

实物大小

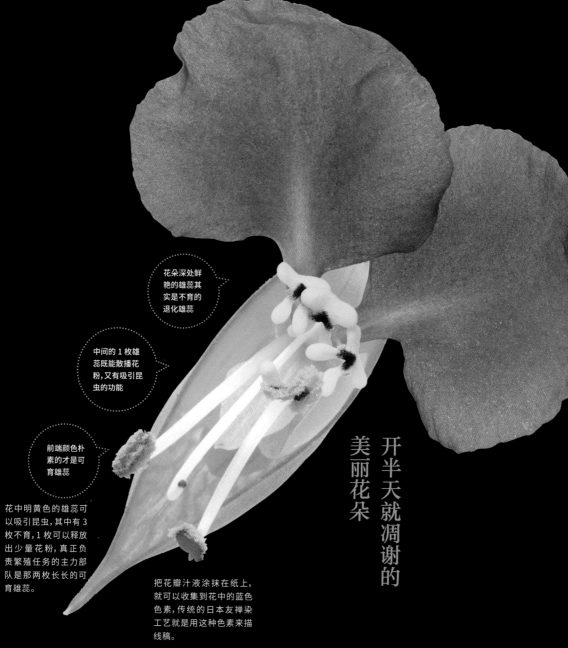

花朵深处鲜
艳的雄蕊其
实是不育的
退化雄蕊

中间的 1 枚雄
蕊既能散播花
粉，又有吸引昆
虫的功能

前端颜色朴
素的才是可
育雄蕊

花中明黄色的雄蕊可
以吸引昆虫，其中有 3
枚不育，1 枚可以释放
出少量花粉，真正负
责繁殖任务的主力部
队是那两枚长长的可
育雄蕊。

开半天就凋谢的
美丽花朵

把花瓣汁液涂抹在纸上，
就可以收集到花中的蓝色
色素，传统的日本友禅染
工艺就是用这种色素来描
线稿。

鸭跖草

Commelina communis

鸭跖草科 鸭跖草属
♀ 花期 6~9 月 ❋ 一年生草本
🖋 高 20~50cm

实物大小

鸭跖草花形独特，就像是手工胸针一样，亮黄色的雄蕊把花瓣衬托得格外耀眼。它们蓝色的花总是在清晨挂着露水开放，每朵花的开放时间非常短暂，还不到一天，清晨开放，中午就开始萎蔫了。鸭跖草的花中有着秘密的机关，它的 6 枚雄蕊分为三种，分工合作，吸引昆虫传粉。临近中午的时候，雄蕊和雌蕊都会向内卷曲，可以保证它在没有昆虫传粉的情况下也能自花授粉，结出果实。

一个苞片内，有时会同时有两朵花开放。

没能正常发育开花的花蕾

这朵花快要开败了

临近中午时，雄蕊和雌蕊会向内卷曲，自花传粉。

花蕾被贝壳一样的总苞苞片夹在中间，果实也在苞片中发育。

103

叶子是毛茸茸的，还是扎扎的？

鼠曲草的叶
全株长满毛茸茸的白色柔毛，摸上去手感就好像刚出生的小猫，就像蓬松的毛衣一样，既能阻挡紫外线，也能抵御冬季的严寒。

日本毛连菜的茎
茎叶都有硬毛，摸上去毛毛糙糙，就好像父亲几天没刮胡子的脸颊一样，它日语名字的本意就是"剃须菜"。

箭头蓼的茎
具有向下弯曲的尖锐钩刺，可以帮助它们挂在其他植物的茎叶上，不断向上攀缘。

芒的叶
叶片边缘锋利，足以划伤手指，放大看就好像鲨鱼牙齿一般。这种坚硬的硅质锯齿的作用是防止食草兽类取食。

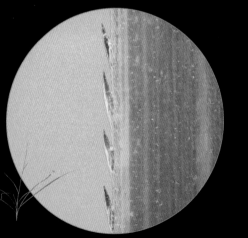

植物的茎和叶，给我们展示了一个不可思议的微缩世界。

芒的叶片边缘生有排列整齐的细小锯齿，就仿佛鲨鱼的牙齿，作用是防止食草动物取食。这种锯齿的结构非常精巧，就像玻璃工艺品一样，土壤中的二氧化硅和水一起被根系吸收，运送进叶片细胞，组装成叶缘的硅质锯齿。北美刺龙葵、仙人球、苎麻等植物的刺也都有类似的成分。日本毛连菜茎叶上也有许多硬毛，想必足以扎疼小老鼠的鼻子和毛毛虫的皮肤了吧？

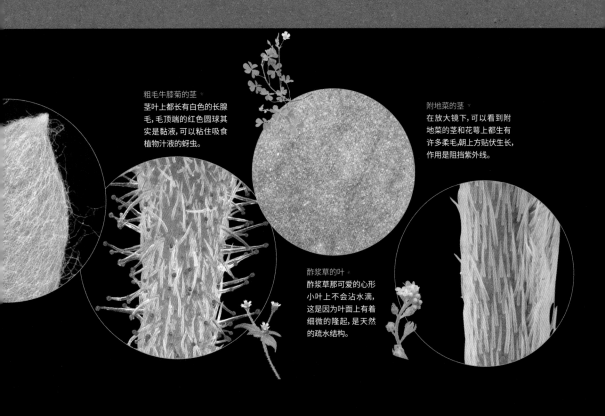

粗毛牛膝菊的茎。
茎叶上都长有白色的长腺毛,毛顶端的红色圆球其实是黏液,可以粘住吸食植物汁液的蚜虫。

附地菜的茎。
在放大镜下,可以看到附地菜的茎和花萼上都生有许多柔毛,朝上方贴伏生长,作用是阻挡紫外线。

酢浆草的叶。
酢浆草那可爱的心形小叶上不会沾水滴,这是因为叶面上有着细微的隆起,是天然的疏水结构。

箭头蓼的茎上有许多弯曲的毛刺,就好像忍者用的钩爪一样,帮助植株向上攀缘,野蔷薇的茎上也有类似形状的皮刺。

植物的种类不同,茎叶上的毛也有不同的形态,有直立的,也有倒伏的,还有些长得像海葵、鳞片等。鼠曲草的毛像蜘蛛丝一样细长柔软,覆盖在植物表面,可以吸收阳光中有害的紫外线,还能起到保温防寒的效果。粗毛牛膝菊的腺毛顶端有一滴黏液,与它关系较近的豨莶属植物也有类似的腺毛,只不过更加特化,可以利用总苞苞片上的黏性腺毛黏附在其他动物身上,从而传播种子。

还有些植物有着更加细微的表面结构,比如酢浆草,它们的叶片不会沾水,这就是因为叶面密布着细微的凸起,起到了疏水效果。荷叶也有类似的结构,效果更明显,被称作"荷花效应",最近,人们还受到它的启发,研制出了新型的疏水材料。

野花的玩法（2）

编 筐

秋冬季节，在阳光照耀下，原野呈现出一片枯黄。这个时候如果出去观察，你可以用干花一样的虎杖花和月见草花制作花束，也可以收集薏苡的骨质总苞穿成珠串。如果你找到了萝藦的成熟果实，还能看到它们那丝绢一样的种子，种子被风吹走后，剩下形似小船、内层光滑如镜的独特外壳。

秋天的植物还能做成花环。扯下一段比较长的葛藤，盘上个两三圈，两头塞好别让它散开，就做成了花环的底子，再把干花、果实等装饰上去，就是个简洁风格的花环了。如果怕它散架，还可以用胶水粘上。要是想更华丽一点，还可以把王瓜那红色的果实挂在上面。

做完了花环，不如来挑战一下编筐吧。第一步就是找三根长藤条，在地面上交叠摆成六角放射状，这就是筐的骨架了。然后再用其他的长藤条从中心开始，一边螺旋盘绕，一边交替穿过放射状的骨架，不够长就再接，随时调整形状，最后就能编成一个简陋而又充满野趣的筐。熟练以后，还可以给它加上提手或者是改变造型，就更有意思了。除了葛藤以外，野葡萄和木通的藤蔓也可以拿来编筐。

我女儿曾经说："我要用细藤条编小筐。"她最后编出的筐就真的只有手掌大小，外形规规矩矩，上面还加了提手，样子非常可爱。她把这个筐当成至宝摆在家里，咦？怎么觉得屋里有股臭味呢？啊！这个筐原来是用臭烘烘的鸡矢藤编出来的！

红

色

的

花

可爱又有点可怕，
毛茸茸的
粉红色花朵

柱头顶端的
长喙也可以
吸引昆虫

花的正面观。花冠上有 5 个凹陷，它的深处既有香甜的花蜜，也有藏着雄蕊、雌蕊共同组成的巧妙陷阱。

萝藦是乡下原野中常见的藤本植物，毛茸茸的粉色花朵中富含花蜜，许多昆虫因此被吸引过来。这其实是一个致命的陷阱，萝藦花的深处有着细长的缝隙结构，可以夹住昆虫的口器或者足，当昆虫用力向外挣脱时，特殊的合蕊冠结构就会把花粉块粘到昆虫身上。但是，如果是力量比较弱的昆虫，就无法从花中挣脱，最终困死在里面。顺利授粉的萝藦花会发育成果实，秋天成熟后开裂，带有丝滑绵毛的种子被释放出来，随风飞散。

萝藦

Metaplexis japonica

夹竹桃科 萝藦属

♀花期 8~9 月 ☀多年生草本
✐藤本植物

实物大小

花冠凹陷的深
处隐藏着陷阱

花中富含花蜜,可以
吸引蜂、蝇、蝶、蛾等
多种昆虫。

萝藦的藤蔓一般缠绕
在其他植物上,受伤
后会从伤口流出白色
乳汁。

鸡矢藤

Paederia foetida

茜草科 鸡矢藤属
♀花期 8~9 月 ✳多年生草本
🌿藤本植物

实物大小

鸡矢藤也叫鸡屎藤，日语中叫"屁粪葛"，这是因为它的茎叶揉碎后会散发出臭味，虽然名字不好听，不过它的花还是挺漂亮的，用放大镜观察，会发现它们的花上布满串珠一样的红色腺毛，把花摘下来，在花冠上沾一点水，往胳膊上一扣，花冠就能严丝合缝地贴在皮肤表面。由于花朵中央的红色部分像是点着火的艾灸，过去，日本的小孩会用它的花模仿艾灸的样子做游戏，所以鸡矢藤在日本也有个别名叫做"灸花"。

花冠上布满火柴棍形状的腺毛

花冠筒外侧有颗粒状的茸毛

花冠内外的毛形状不同，一些蜂类会把内部的腺毛扒拉开，从花的深处吸取花蜜。

鸡矢藤经常缠绕在路边、公园的灌木绿篱上生长。

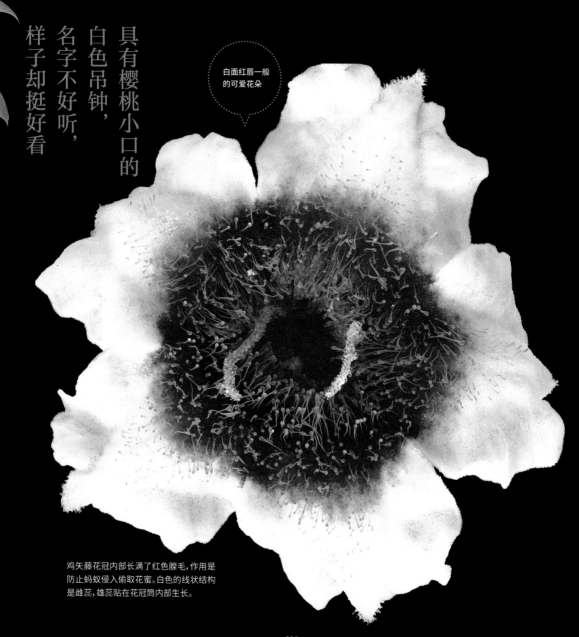

具有樱桃小口的
白色吊钟，
名字不好听，
样子却挺好看

白面红唇一般
的可爱花朵

鸡矢藤花冠内部长满了红色腺毛，作用是
防止蚂蚁侵入偷取花蜜。白色的线状结构
是雌蕊，雄蕊贴在花冠筒内部生长。

高雪轮原产于欧洲，作为观赏植物被引种到世界各地，有时会逸为野生，在庭院、空地上成片生长。高雪轮的花冠中央，有着迷你王冠一般的副花冠，这是由花瓣上特殊的鳞片状结构所组成的，它环绕着通往花蜜的入口，可以给蜂、蝶等传粉昆虫指示入口位置。高雪轮茎上的部分区域会分泌黏液，时不时地会粘住一些运气不好的昆虫，就像粘蝇纸一样，不过它们并不能消化分解虫子，所以并不算食虫植物。

尖尖的副花冠

高雪轮

Silene armeria

石竹科 蝇子草属

♀花期 5~7 月 ✳二年生草本

🌿高 30~60cm

实物大小

茎节明显，有些带状区域可以分泌黏液，可以消灭一些对植株有害的昆虫，防患于未然。

茎上有黏黏的褐色区域

114

头戴王冠的
粉红小花

雄蕊一个接一
个地钻出来

副花冠环绕着的开口
很小，雄蕊会从中间依
次伸出释放花粉。等到
全都释放完毕后，雌蕊
再伸出来接受来自其
他花朵的花粉。

115

看上去像花瓣的结构其实是萼片，在果期
依然宿存，雄蕊基部膨大的部分会分泌花蜜。

花被 4 深裂，
雄蕊 5 枚

红白拼色的
精致小花

金线草细长的花穗从上往下看是红色的，而从
下往上则是白色的，就好像在日本节庆时用的水引
（红白色花纸绳），所以在日语中的名字就叫作"水引"。
之所以会有这样的颜色变化，是因为花序上的每一朵花都
是上红下白的拼色，白色的雄蕊是花中的亮点所在。花瓣
状的花被裂片（萼片）一共有 4 枚，雄蕊在四边和正中各
有一枚，共计 5 枚，雌蕊的两个花柱分开，花后会发育
成钩针形的果实，挂在其他动物身上传播。

金线草

Persicaria filiformis

蓼科 蓼属
♀ 花期 8~10 月 ✳ 多年生草本
✐ 高 50~80cm

实物大小

译注：
在《中国植物志》中，
金线草为金线草属，
学名 *Antenoron filiforme*

金线草在山林和路
边常见，还有人把
它们栽种到庭院里，
也是别有一番风情，
叶片上有"人"字形
的斑纹。

花期过后，萼
片闭合，雌蕊
花柱伸长。

雌蕊向前
探出

宿存的雌
蕊花柱

红白二色的花稀疏
地开在细长的茎上。

成熟的果实。宿存的花柱和
柱头像钩子一样，可以挂在
人和动物的身上。

过家家游戏里常见到的小红花，和水蓼是近亲

中间 3 叉的结构是雌蕊，一粒一粒的则是花粉粒

长鬃蓼

Persicaria longisetum

蓼科 蓼属

♀花期 6~10 月 ✻一年生草本

⚘高 20~50cm

实物大小

长鬃蓼是为人所熟知的常见杂草，因为花蕾看起来像红豆饭，所以孩童玩过家家游戏的时候经常会去采摘它。它和能做香辛料的水蓼外形很像，但是却没有辣味。

译注：在《中国植物志》中，长鬃蓼为蓼科蓄蓄属，学名 *Polygonum longisetum*

花序长约3cm。

秋天是蓼花盛开的季节，大部分常见植物的花，雌蕊和雄蕊外面都有花瓣和萼片两层花被，但蓼科植物不是这样，它们只有一层花被（萼片），花期过后也不会脱落，而是在果实外面宿存。所以每一个粉红色的穗状花序中，既有花蕾、也有开放的花，还会混有果实。长鬃蓼的花穗揉散以后，一粒粒的花果就像红豆饭一样，散落出的黑色瘦果就像是点缀在上面的芝麻。头花蓼原产于喜马拉雅山区，它的花序很短，就像绒球一样，茎匍匐延伸，经常在民居附近的野地里成片生长。

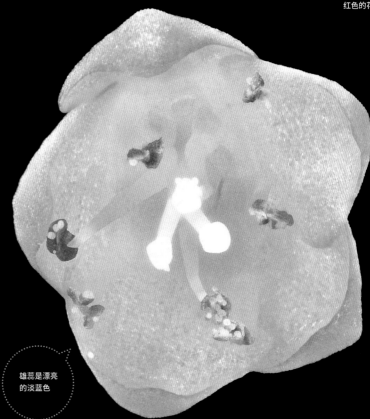

雄蕊是漂亮的淡蓝色

头花蓼和长鬃蓼的花序形状不同，但是花形类似，雌蕊也有 3 个分离的花柱，雄蕊内轮 3 枚，外轮 5 枚，合计共有 8 枚。

译注：在《中国植物志》中，头花蓼为蓼属，学名 *Polygonum capitatum*

头花蓼

Persicaria capitata

蓼科 蓼属

📍花期 5~12 月 ❋多年生草本

🖊高 10~30cm

实物大小

花序直径约1cm。

雌花序顶端的花层
层叠叠,排列紧密。

花被片6枚,其中有3枚反
折,另外3枚包裹着雌蕊,
蓬松的红色柱头就从这3
枚花被片之间伸展出来。

这是雌花蓬松
的柱头

雌株   雄株

花雌雄异株

酸模

Rumex acetosa

蓼科 酸模属
花期 5~8 月 多年生草本
高 30~100cm

实物大小   实物大小

果实外面有
3 个翅

3 枚花被片包裹着瘦
果,形成翅状结构。

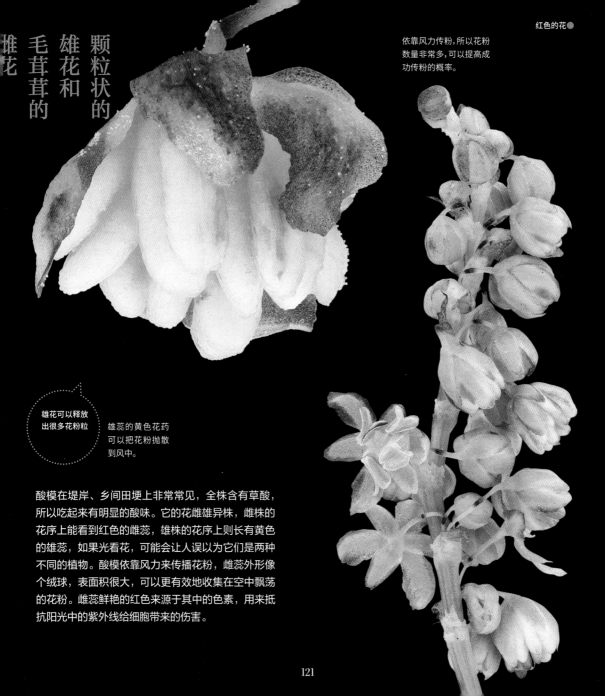

颗粒状的
雄花和
毛茸茸的
堆花

依靠风力传粉，所以花粉
数量非常多，可以提高成
功传粉的概率。

雄花可以释放
出很多花粉粒

雄蕊的黄色花药
可以把花粉抛散
到风中。

酸模在堤岸、乡间田埂上非常常见，全株含有草酸，
所以吃起来有明显的酸味。它的花雌雄异株，雌株的
花序上能看到红色的雌蕊，雄株的花序上则长有黄色
的雄蕊，如果光看花，可能会让人误以为它们是两种
不同的植物。酸模依靠风力来传播花粉，雌蕊外形像
个绒球，表面积很大，可以更有效地收集在空中飘荡
的花粉。雌蕊鲜艳的红色来源于其中的色素，用来抵
抗阳光中的紫外线给细胞带来的伤害。

粉花月见草

Oenothera rosea

柳叶菜科 月见草属
♀ 花期 5~9 月 ✳ 多年生草本
🖊 高 20~60cm

实物大小

粉花月见草原产于北美洲，经常在庭院、空地之类的地方繁衍、扩散。月见草这个名字，指的是这一类植物夜晚开花的习性，但是粉花月见草有时也会在白天开放。它有 4 枚花瓣，表面有树枝一样的脉纹。雌蕊柱头 4 裂，外形有点像海葵；雄蕊 8 枚，花粉粒之间有黏丝相连，就像项链一般，昆虫碰到以后，会把它们整串粘走。果实在秋季成熟后，一旦被雨水打湿，就会分 4 瓣开裂，看起来就像是一朵小花，雨滴落到上面的时候，种子就会趁势弹飞。

下雨时，果实就会裂开，种子会被雨水弹飞。

本来闭合着的果实，会啪地裂开

花瓣上有美丽的脉纹

就算花朵已经盛开，4 枚萼片的顶端也是紧缩成喙状。

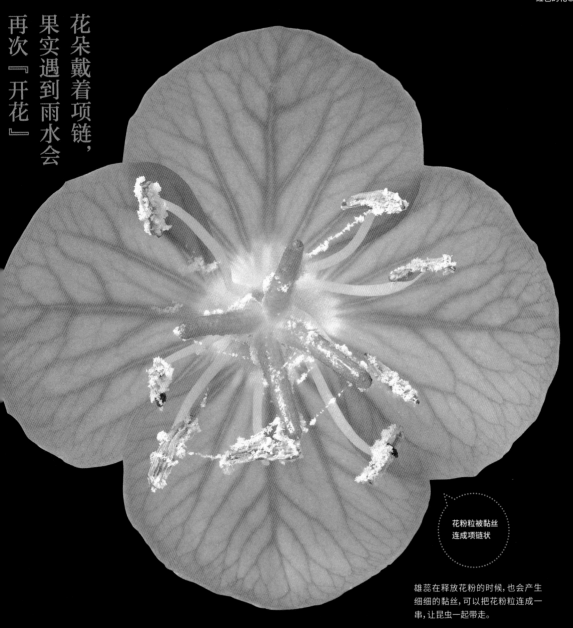

花朵戴着项链，
果实遇到雨水会
再次『开花』

花粉粒被黏丝
连成项链状

雄蕊在释放花粉的时候，也会产生
细细的黏丝，可以把花粉粒连成一
串，让昆虫一起带走。

雌、雄蕊位置接近，同时成熟，就算没有昆虫帮忙，自花传粉也不成问题。

雌蕊和雄蕊靠得很近

白花色型的植株也很常见。

野老鹳草

Geranium carolinianum

牻牛儿苗科 老鹳草属

♀花期 4~9 月 ✳一或二年生草本

🖊高 10~40cm

雌、雄蕊飞快地一吻，就是它成功繁殖的秘密

像发条一样啪地弹起

果实成熟后突然开裂，果皮向上弯卷，种子借势弹飞到远处。

野老鹳草是原产于北美洲的野草，与东亚地区常见的中日老鹳草外形相似，但是整体要小一圈，在路边、公园常见。野老鹳草的花是带有粉红色调的白色，在花朵绽放的那一瞬间，雌蕊和雄蕊就碰到了一起，完成了自花传粉，随后结果，这也是它们能够成为杂草界中成功者的关键所在。中日老鹳草就不一样了，它每朵花中的雌蕊和雄蕊成熟时间不同，需要昆虫异花传粉，所以就不像野老鹳草那样随处可见，只能栖居山野。

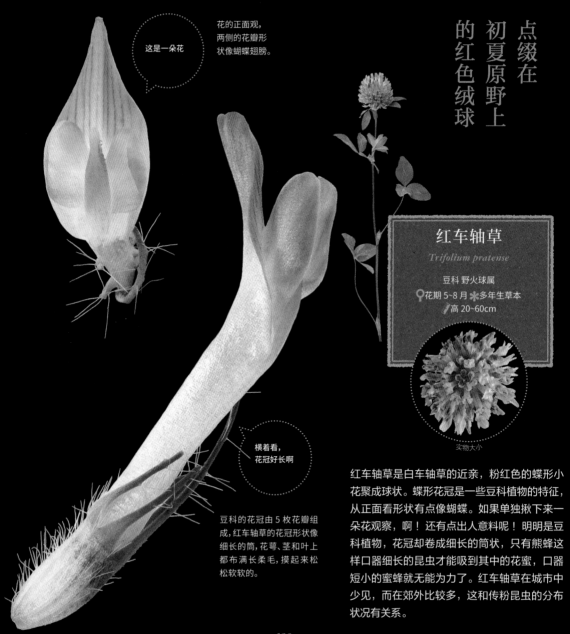

点缀在初夏原野上的红色绒球

这是一朵花

花的正面观，两侧的花瓣形状像蝴蝶翅膀。

红车轴草

Trifolium pratense

豆科 野火球属

花期 5~8 月 ✳ 多年生草本

高 20~60cm

实物大小

横着看，花冠好长啊

豆科的花冠由 5 枚花瓣组成，红车轴草的花冠形状像细长的筒，花萼、茎和叶上都布满长柔毛，摸起来松松软软的。

红车轴草是白车轴草的近亲，粉红色的蝶形小花聚成球状。蝶形花冠是一些豆科植物的特征，从正面看形状有点像蝴蝶。如果单独揪下来一朵花观察，啊！还有点出人意料呢！明明是豆科植物，花冠却卷成细长的筒状，只有熊蜂这样口器细长的昆虫才能吸到其中的花蜜，口器短小的蜜蜂就无能为力了。红车轴草在城市中少见，而在郊外比较多，这和传粉昆虫的分布状况有关系。

花序正中央的花还
是花蕾，外周的花
已经盛开了。

花朵排列成
一个圆球

红色的

窄叶野豌豆

Vicia sativa var. nigra

豆科 野豌豆属

♀ 花期 3~6 月 ❀ 二年生草本

🖌 藤本植物

窄叶野豌豆看上去就好像春天在原野上盛开的迷你豌豆。事实上，它们的嫩果和嫩芽也确实和豌豆一样可以吃，味道也差不多，花也和豌豆花类似，只不过要小得多。帮它传粉的昆虫是小型的蜂类，有时也能看到蚂蚁在茎叶上来来往往，不过，由于花的结构太过复杂，蚂蚁其实吃不到花中的蜜，它们的目标是叶基处的花外蜜腺，那里才是蚂蚁专享的蜜源。蚂蚁也不是白吃白喝，它们会把啃食叶片的昆虫赶走作为回报。

花朵结构复杂，只有特定的蜂类才能吃到其中的花蜜。

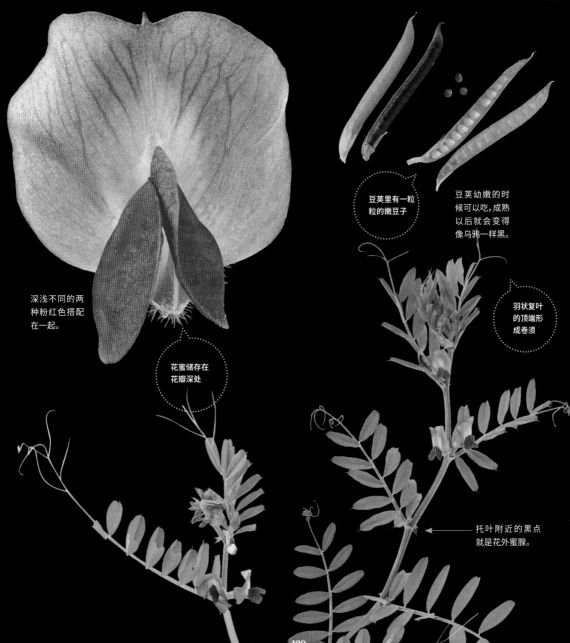

豆荚里有一粒粒的嫩豆子

豆荚幼嫩的时候可以吃，成熟以后就会变得像乌鸦一样黑。

深浅不同的两种粉红色搭配在一起。

羽状复叶的顶端形成卷须

花蜜储存在花瓣深处

托叶附近的黑点就是花外蜜腺。

129

原野上盛开的微缩版

胡枝子

昆虫到来之前，雌蕊和雄蕊夹在花瓣里。

昆虫来访之后，雄蕊和雌蕊会暴露在外，之后也不再恢复原状。

尖叶长柄山蚂蟥

Hylodesmum podocarpum
subsp. oxyphyllum

豆科 长柄山蚂蟥属

♀花期 7~9 月 ✱多年生草本

✏高 60~100cm

果形奇特，有点像墨镜，也有点像内衣。

荚果分为两段，好像小偷踮起脚尖走出的足迹

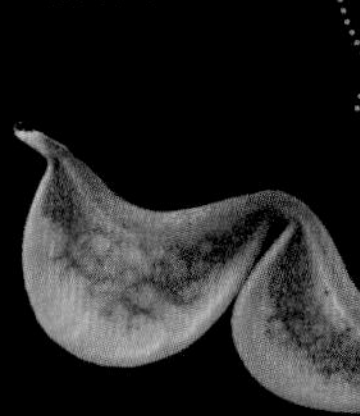

英果上的细钩可以挂在人和动物身上

锥花山蚂蝗的果实是 3~4 段连在一起。

锥花山蚂蝗

Desmodium paniculatum

豆科 山蚂蝗属

⚲花期 7~10 月 ✴一年生草本

🪥高 50~100cm

实物大小

日本有"秋之七草"的说法，其中之一就有胡枝子。尖叶长柄山蚂蝗和锥花山蚂蝗长得都与胡枝子相似，当昆虫停到它们的花上时，花瓣会突然绽开，把花粉扑在昆虫身上。它们的果实也都能挂在人的衣服或者动物皮毛上。尖叶长柄山蚂蝗在日语中的名字叫做"盗人荻"，这是为什么呢？荻指的是胡枝子，盗人就是小偷，它的果实形状，会令人联想起小偷踮脚走路时留下的足迹。锥花山蚂蝗原产北美洲，花朵比尖叶长柄山蚂蝗大，果实形状也比较长。

昆虫来访之前的花，绿色的斑点花纹是吸引昆虫的信号。

131

西柚汁一般的
水果香气

淡红色的旗瓣基部有黄色的
斑点,这是在向昆虫指示花
蜜的位置,深红色的翼瓣和
龙骨瓣包着雌蕊和雄蕊。

葛的花在花序中自下而上顺次开放，花色是浓淡相宜的红色，还有着西柚果汁一般的奇特香气。花瓣上的黄色斑点指示的是花蜜的位置，蜂类在饱餐花蜜的同时，也给葛传播了花粉作为回报。过去，葛在人们的生活中发挥着各种各样的用途，它的块根富含淀粉，既能食用也能药用，藤蔓可以编筐，叶子能当牲畜饲料。不过到了今天，这些用途基本都被其他材料所取代了，葛也成了无人问津的野生植物。由于它们会大面积攀爬蔓延，影响其他植物生长，在很多国家都成了令人头疼的外来入侵种。在日本的"秋之七草"中，葛是为数不多的大型藤本植物。

译注："秋之七草"是日本古代文学的说法，指的是七种秋天开花的植物，一般指胡枝子、芒、桔梗、瞿麦、葛、黄花败酱。

葛

Pueraria lobata

豆科 葛属
♀ 花期 7~9 月 ✽ 多年生草本
✐ 藤本植物

实物大小

花瓣 5 枚

蝶形花冠中的 5 枚花瓣像立体拼图一样嵌合生长到一起。

133

淡雅可爱的花和花蕾

绵枣儿

Barnardia japonica

天门冬科 绵枣儿属

♀花期 8~9 月 ✳多年生草本

✂高 20~40cm

初秋时节，绵枣儿总是会在刚刚割过草的田埂或堤岸上大批开放。它和风信子一样，都是天门冬科的球根植物，也都有成串的总状花序。绵枣儿的花从下往上顺次开放，6 枚花被片和雄蕊向外平展，给它们传粉的采蜜昆虫是一些小型的蜂、蜂虻和蝴蝶。绵枣儿的叶也很有意思，会在春秋两季生长，盛夏休眠，这样可以防止好不容易长出来的叶片被烈日晒枯，白白浪费养分。

下边的花先开

总状花序上小花数量很多，从下往上顺次开放。

雄蕊花药开裂
成两半

花朵就像原野上的小小
露天咖啡馆，各种访花吸
蜜的昆虫络绎不绝。

135

鸢尾的小型近亲，
每朵花
只开一天

内轮的 3 枚花
被片上有 3 条
深色花纹

外轮的 3 枚花
被片上有 5 条
深色花纹

原产于美国南部地区，作为观
赏植物引种后逸为野生，有紫
花、白花两种色型。

庭菖蒲

Sisyrinchium rosulatum

鸢尾科 庭菖蒲属

♀花期 4~6 月 ❋多年生草本

✎高 10~20cm

实物大小

庭菖蒲是草坪、草地上常见的可爱杂草。它和同科的鸢尾一样，每朵花的花被片都是 6 枚，只不过鸢尾花的 3 枚外轮花被片特别宽大显眼，而庭菖蒲的 6 枚花被片形状都差不多。仔细看，就能够发现庭菖蒲外轮花被片上有 5 条深色纹路，而内轮花被片上只有 3 条，形状也有微小的差异。每朵花只开一天就会闭合，随后发育成球形的果实。除了庭菖蒲本种外，近年来还有几种花色偏蓝紫色的近缘种逸为野生。

花朵基部膨大的部分就是子房所在的位置，将来会发育成果实

花从叶片之间抽出，一朵朵地开放、结果。

白花色型的庭菖蒲。

球形的蒴果

和鸢尾等同科植物一样，叶片套叠，排成一个平面。

137

花序螺旋形的
独特兰花

绥草
Spiranthes sinensis var. amoena

兰科 绥草属
花期 5~8 月　多年生草本
高 10~40cm

实物大小

译注：
关于绥草的分类，
目前学术界存在争议，
本书暂且按照原版和《中国植物志》的说法，
采用绥草这一正式名。

花序左旋或右旋
属于个体差异，
数量基本均等。

花螺旋形开放，可
以让花序各部分
配重平衡，从而保
持直立。

绶草是中国和日本都常见的杂草，生长在光照良好的草坪或草地里，花虽然小，但有着兰科植物的典型结构。它长着螺旋形的有趣花序，花就像是微缩版的卡特兰，最下方的唇瓣让人联想到新娘穿的白色婚纱，这是给小型蜂类提供的落脚地，方便它们钻进花中吸取花蜜，同时，合蕊冠顶端的花粉块黏到虫子背上，利用它们来传粉。成功授粉后，花朵基部的子房就会膨大，发育成果实。

来，来！
欢迎品尝花蜜

花朵朝向侧面开放，和蜂类的活动习性相适应。

花的正面观。花粉块正在前往花蜜的"过道"穹顶上守株待兔。

白色的唇瓣就像带着蕾丝花边的裙摆

奇怪的种子！
厉害的种子！

鸭跖草
果实和种子被贝壳一样的苞片夹在里面，种子很像砂砾，简直就是变幻成砂的忍者种子。

小窃衣
果实看着就像蚰蜓一样，刺毛的顶端带钩，可以挂在人和动物身上。

还亮草
种子顶端的膜质翅螺旋状排列，下半部的膜质翅像摆起来的同心圆。

大苞野芝麻
种子上面的白色部分质地像果冻，还有甜味，可以吸引蚂蚁帮助搬运。

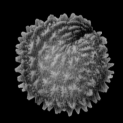

繁缕
从星形的白色小花中孕育而出的小行星，表面非常粗糙，扒住土粒后，就和土壤一起奔向新生活。

月见草
胶囊一样的果实内部挤满了种子，穿越时空向未来进发。

植物开花的最根本目的就是繁殖，花朵会发育成果实，同时种子也在其中孕育，种子成熟后，就会整理行装，作为新生命的起点踏上旅程。

很多杂草的种子都是个体微小、数量众多，用肉眼看就是一个个的小点，可如果用上放大镜，咦？原来种子也是形形色色的啊！

有些植物会利用人和动物传播种子，它们的种子或果实上长有钩针或倒刺，可以神不知鬼不觉地挂在衣服和皮

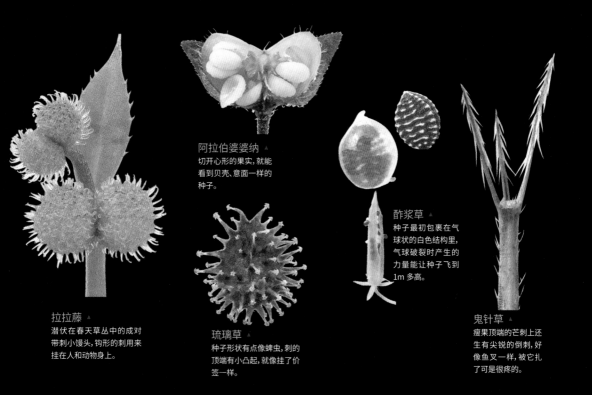

阿拉伯婆婆纳 ▲
切开心形的果实，就能看到贝壳、意面一样的种子。

拉拉藤 ▲
潜伏在春天草丛中的成对带刺小馒头，钩形的刺用来挂在人和动物身上。

琉璃草 ▲
种子形状有点像蜱虫，刺的顶端有小凸起，就像挂了价签一样。

酢浆草 ▲
种子最初包裹在气球状的白色结构里，气球破裂时产生的力量能让种子飞到1m多高。

鬼针草 ▲
瘦果顶端的芒刺上还生有尖锐的倒刺，好像鱼叉一样，被它扎了可是很疼的。

毛上。像小窃衣和拉拉藤是钩针派的，鬼针草用的则是倒刺。如果有人在山林中穿行时看到自己身上挂了琉璃草的种子，恐怕会以为自己被蜱虫叮咬了而大叫出来，琉璃草能挂住衣服，靠的是刺尖的星形结构。

种子落到土壤中的过程，也是个坎坷的旅途。繁缕的种子表面凹凸不平，很容易贴附在土壤上；阿拉伯婆婆纳的种子在放大镜下就如同一个个贝壳意面。要说最棒的那还是鸭跖草，它们的种子不管是颜色和形状都跟干燥的土粒一模一样，别说人了，连鸟都很难注意到它。

有些种子上还有特别的发射装置。比如酢浆草，它们的种子外面包着一个气球一样的囊状结构，只要轻轻一碰，"气球"就会破裂，反作用力会让种子从果实中飞出老远，种子的表面有黏液，如果粘到人的身体或衣服上，还能搭乘顺风车传播到远方。

月见草的果实中挤满了种子，成熟后可以随风飘散，如果落到了阴暗的地方，那就会长期休眠，等到环境条件合适的时候再萌发，它们的种子简直就是在各自做着跨越时空之旅。

essay
04

品尝野草

野游的一大乐趣就是可以采摘杂草。春天去郊外踏青的时候，虽然口中没有说出来，但脑海中实际上一直都忍不住地欢呼着："看啊，蜂斗菜。呀，问荆！"，同时手里也没闲着，把它们一一采摘下来。水芹和艾蒿都有着好闻的香气，虎杖折断时会发出清脆的声音，野豌豆发了嫩芽，晚上正好可以做天妇罗，蜂斗菜味噌的材料也已经齐全。听觉、嗅觉再加上指尖的触觉，啊！这是多么绝妙的一天啊！

那些平常被人们称为杂草的植物，其实有许多种都是可以吃的。除了鼠麴草、荠菜、繁缕等"春之七草"以外，虎耳草、酸模、车前等在古代也都是人们经常吃的野菜。葛、牛膝、蕺菜、鸭跖草、附地菜、白车轴草、红车轴草、东北堇菜、日本活血丹、药用蒲公英也都可以食用。不过在采摘的时候，一定要留意环境的卫生和污染状况，还要彻底洗净，防止有农药残留。

就算是待在都市中没出远门，也能享受到一点点采摘野菜的乐趣，比如在庭院里就经常能够找到繁缕，春飞蓬的嫩叶有着和茼蒿类似的香气，蒲公英的花也能做成天妇罗，鸭跖草花可以撒在沙拉上当点缀。不过到了春天，还是想去采摘蜂斗菜和问荆呀！

在高度发达的现代社会，随时都能买到美味的蔬菜，这固然是好事，可是人们也因此渐渐淡忘了这些都是大自然赐给人类的恩惠。对于现代人来说，如果能够通过采摘野菜，体会到回归自然的乐趣，也算是一种小小的奢侈吧。

译注：
蜂斗菜、问荆在我国虽也有分布，不过并非广泛食用的野菜，本书暂且按照原文直译。

绿、茶色的花

天胡荽

Hydrocotyle sibthorpioides

五加科 天胡荽属
♀花期 6~10 月 ✳多年生草本
🌾高 1~3cm

实物大小

匍匐茎上长有不定根,贴着地面生长。

在圆形叶片的下方,能够找到小小的花序

果实椭圆形

许多果实组成果序,由于太小了,很难被注意到。

的样子

聚成绒线球

微小的花

天胡荽经常在庭院和路边贴着地面匍匐生长,是一种纤细的小草。古人会把它那光亮的圆形叶片贴在伤口上,当成止血用的药草。天胡荽的小伞形花序开在叶腋处,形状就好像绒线球一样,仔细看的话,会发现那微小的花瓣尖端还带有一抹粉红。由于花实在太小,平时能注意到这精致配色的,也只有在地面上爬来爬去的蚂蚁了。天胡荽也正是通过给蚂蚁提供花蜜,来换取它们帮忙传粉。

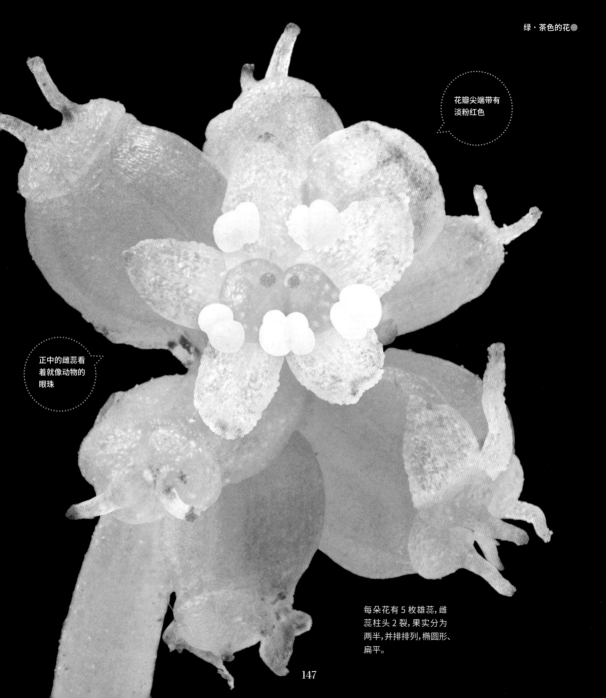

花瓣尖端带有
淡粉红色

正中的雌蕊看
着就像动物的
眼珠

每朵花有 5 枚雄蕊, 雌
蕊柱头 2 裂, 果实分为
两半, 并排排列, 椭圆形、
扁平。

147

不起眼的胭脂色小花，依靠风力传粉

雌花的雌蕊
向外伸长

柱头上黏附了
花粉粒

花刚开时，雌花会先把二叉形的雌蕊伸出，接受花粉，而胭脂色的两性花这时还是花蕾状态。

五月艾

Artemisia indica var. maximowiczii

菊科 蒿属

♀花期 9~10 月 ✳多年生草本

🖌高 50~120cm

菊科植物中的大部分种类都依靠昆虫传粉，蒿属却完全不同，它们是利用风力传播。五月艾的花期是秋季，到时会有大量的花粉随风飘扬，是造成人们花粉过敏的主要过敏原之一。五月艾每个头状花序的外侧都有五六朵单性雌花，内侧则有三四朵两性花，花上的胭脂色主要作用是阻挡紫外线，而非吸引昆虫。五月艾的嫩叶在日本可以用来制作日本的传统点心草饼，所以日本人对它并不陌生。

译注：草饼类似我国的青团，但是一般没馅。

两性花能释放
出黄色的花粉

头状花序中的两
性花会较晚开放。

149

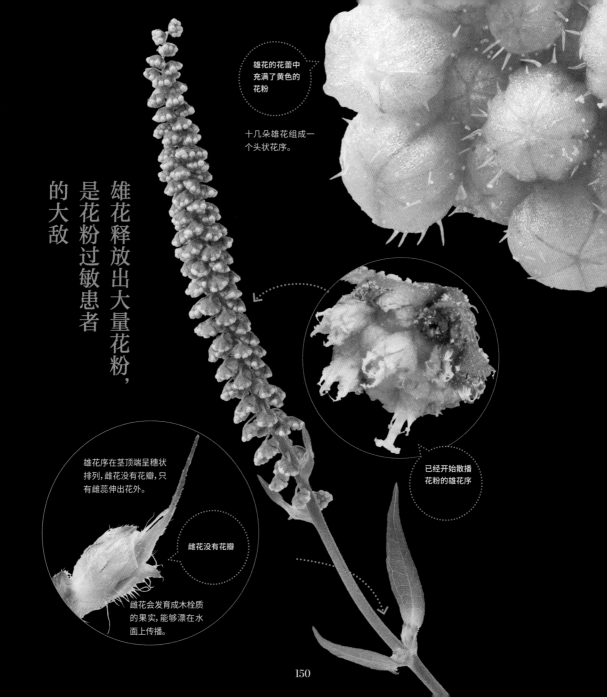

雄花的花蕾中充满了黄色的花粉

十几朵雄花组成一个头状花序。

雄花释放出大量花粉，是花粉过敏患者的大敌

已经开始散播花粉的雄花序

雄花序在茎顶端呈穗状排列，雌花没有花瓣，只有雌蕊伸出花外。

雌花没有花瓣

雌花会发育成木栓质的果实，能够漂在水面上传播。

三裂的大型
叶片

三裂叶豚草

Ambrosia trifida

菊科 豚草属

♀花期 8~9 月 ❋一年生草本

🖋高 1~3m

实物大小　　参物大小

雄花序放大观

雄花序就像铃铛一
样倒挂在小柄上，
怪不得花粉这么容
易散落。

三裂叶豚草是造成秋季花粉过敏
的元凶之一。在它们的植株顶端，
大量雄花序成串倒挂，雄花的花
蕾是可爱的球形，成熟后会开裂
为 5 瓣，将里面的黄色花粉倾倒
一空，释放出大量花粉；等待接受
花粉的雌花，则外表看起来很朴
素，长在下方的叶腋处。三裂叶
豚草是彻头彻尾的实用主义者，雌
花和雄花一个在上面撒花粉，一
个在下面接，完全不需要通过花
瓣和花蜜来吸引昆虫传粉。

白色的雌蕊"蹭蹭"钻出

每朵花上都有 4 枚小花瓣

雄蕊比雌蕊晚熟，在雌蕊之后伸出

有些个体的花药白色。

车前的祖先是虫媒花，但现在它的花瓣很小，已经特化成了风媒传粉的植物。

车前

Plantago asiatica

车前科 车前属

♀花期 4~9 月 ✳多年生草本

🌱高 10~30cm

实物大小

车前的叶子紧贴地面生长，花序却笔直朝天，上面一粒一粒的结构其实都是小花，花中的 4 枚雄蕊将雌蕊围在中间。车前的雌蕊和雄蕊成熟时间不同，刚开花时，雌蕊先成熟，向外伸出接受花粉；过一段时间，雄蕊才成熟，伸出花外，向空中释放花粉。车前的祖先是虫媒花，如果仔细观察的话，现在还能够看到它们至今保留着 4 枚花瓣。长叶车前和车前外形很像，只不过叶片更加细长，雄蕊总是在花序上围成环状，就像缠头带一样。

穗状花序又细又长。

152

长叶车前

Plantago lanceolata

车前科 车前属

花期 6~8 月　多年生草本

高 30~70cm

实物大小

4 枚残存的花瓣

雌蕊枯萎时,雄蕊才会伸长。

雄蕊从下往上顺次伸出

雄蕊的样子给人感觉很时尚

长叶车前的成熟雄蕊在花序上围成一圈,就像缠头带。

最左边的是开放早期的花序,花从下往上顺次开放。

153

叶片上也有小
钩刺

被叶片环绕的花蕾, 花 4 瓣、白
绿色, 雄蕊 4 枚, 雌蕊柱头 2 裂。

在春天的路边和原野中，拉拉藤都很常见。它们的叶 6~8 枚轮生，上面布满倒刺。就是凭借着这些倒刺，它们才能借助其他植物生长。拉拉藤的花序长在轮生的叶片基部，花序上有着几朵十字形的星状小花，还有 4 枚黄色的雄蕊和 1 枚花柱 2 裂的雌蕊。等到晚春时节，雌蕊的每半边都能发育成一个果实，如同刺馒头一样，成双成对地面世，然后挂在动物的身上传播。

拉拉藤

Galium aparine var. echinospermum

茜草科 拉拉藤属

♀花期 4~6 月 ✳二年生草本

⚘高 20~40cm

✲

实物大小

黄绿色的花束会变身
成带钩的刺球

果实上布满钩刺

春结果，果实两个一组，浑身带刺，刺的顶端钩状。

花序生长在叶腋或者枝顶。

穗状花序中小花众多，下边的花先开，顶端的还是花蕾。

牛膝

Achyranthes bidentata

苋科 牛膝属

♀花期 8~9 月 ✳多年生草本

🖊高 50~100cm

实物大小

一般来说，依靠昆虫传粉的虫媒花都比较鲜艳漂亮，而依靠风力传粉的风媒花则都比较单调朴素。不过牛膝却是个例外，它的花很小，还是不起眼的黄绿色，看上去很像风媒花，但实际上它可是很受昆虫欢迎的虫媒花，总能招蜂引蝶。为什么这么不起眼的花会对昆虫有着如此大的吸引力呢？原来，牛膝花朵的中央和雄蕊都能反射紫外线，虽然花很小，但是，对于那些能看到紫外线的昆虫来说却非常显眼。

花下的小苞片变红就说明快开败了

花开败以后会下垂，内部发育出带刺的果实。

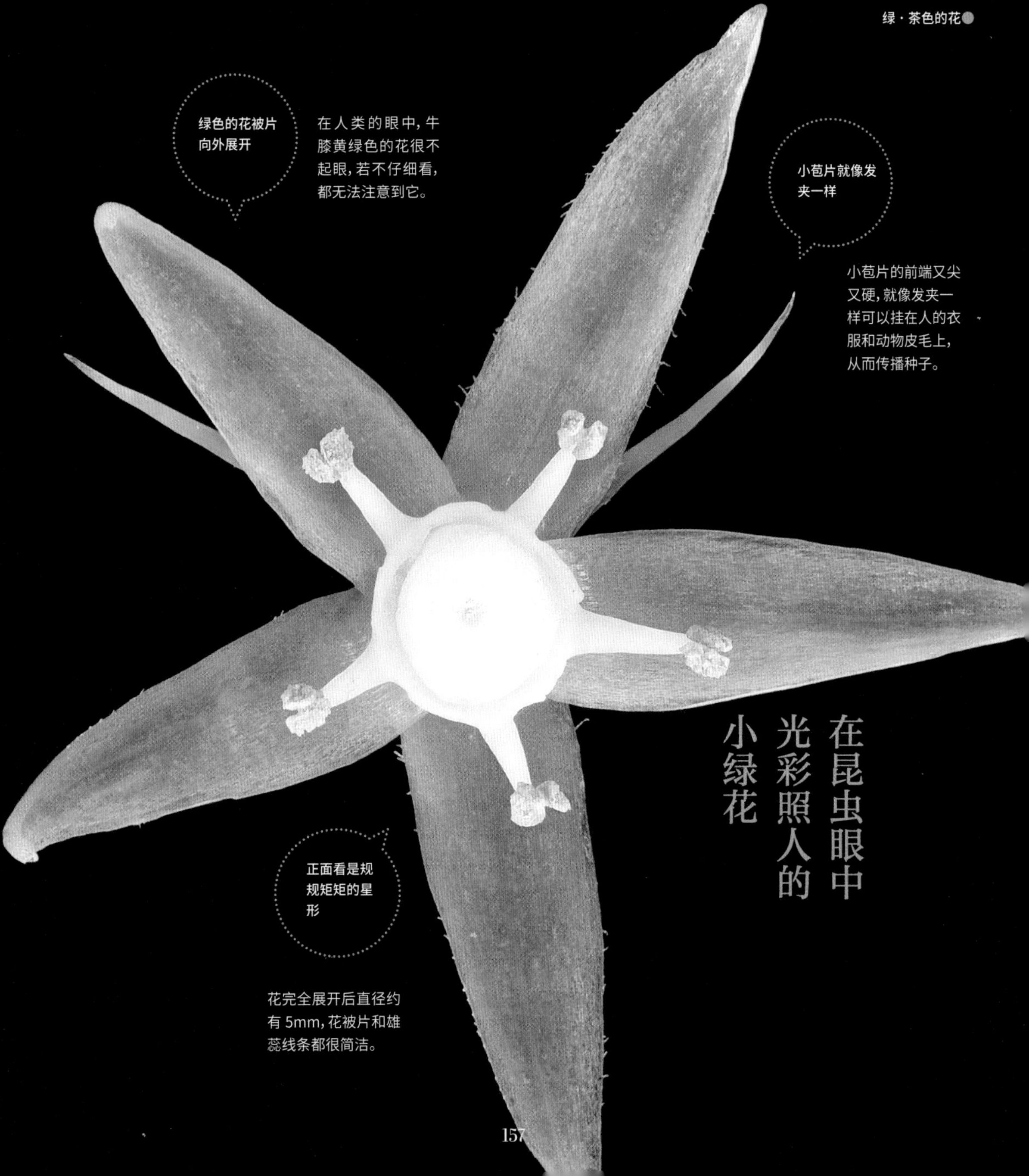

绿色的花被片
向外展开

在人类的眼中，牛膝黄绿色的花很不起眼，若不仔细看，都无法注意到它。

小苞片就像发夹一样

小苞片的前端又尖又硬，就像发夹一样可以挂在人的衣服和动物皮毛上，从而传播种子。

在昆虫眼中
光彩照人的
小绿花

正面看是规规矩矩的星形

花完全展开后直径约有 5mm，花被片和雄蕊线条都很简洁。

能结出圆滚滚
大果实的
奇妙花朵

渐渐发育长大
的果实

总苞边缘有 4 个蜜
腺，花和果实就长
在总苞之中，这一
整个结构叫做一个
杯状聚伞花序

泽漆

Euphorbia helioscopia

大戟科 大戟属

♀花期 3~6 月 ✳二年生草本

📏高 20~40cm

实物大小

从上方看,分枝排列成漂亮的五芒放射状

茎上部的分枝向四周平展,就像老式烛台那样。

分枝也像一个小花束

众多分枝中的一个,下方有黄绿色的苞叶,内部再分出来三枝。

泽漆茎上分枝的排列形状,非常符合数学中的分形图案。若把每一个小分枝单拿出来看,就会发现其形状都与植株整体相同。如果继续深入探寻图案中的最小单位,就能看到它们的花序了。它的花序周围的总苞苞片边缘生有 4 个蜜腺,中央环绕着的就是雌花和雄花。雄花只伸出一枚雄蕊,雌花也只伸出一枚雌蕊,雌花基部膨大的部位会在授粉之后发育成圆滚滚的果实,被周围的苞叶围在中间。

生有并排
蜜腺的『花』，
其实是雌雄花共同
组成的花序

大地锦枝条斜生，花序的周围
生长着白色的"花瓣"，雌花只
把雌蕊素面朝天地伸到外面，
雌蕊的 3 个花柱彼此分离。

果实顶端有 3
根粗毛一样的
宿存花柱

虽然小却很
可爱的白花

雄花上没有雌蕊，只
有一枚雄蕊，前端分
成两叉，释放出黄色
的花粉。

无论是大地锦，还是斑地锦，它们的花都非常小，只有用放大镜才能看清楚。它们这一类的花长得很古怪，每一朵"花"，其实都是一个花序，含有一朵雌花和几朵雄花，花序周围的白色"花瓣"是特化的叶，基部长有几个蜜腺。在一个花序中，只有雌花受粉结实之后，雄花才会逐渐成熟，一个接一个地把雄蕊伸到外面，吸引蚂蚁和小型的蜂类、蝇类等昆虫前来采蜜。大地锦的茎被折断后，断口处会流出白色乳汁，这也是大戟科植物的共同特点。

这是斑地锦

斑地锦与大地锦不同，枝条贴着地面匍匐生长。

毛发浓密的果实

斑地锦的果实上长满柔毛，叶片中央有显眼的红色斑纹。

大地锦
Euphorbia nutans

大戟科大戟属
花期 6~10 月 　一年生草本
高 20~40cm

雌花好像毛球一样

雌花序长在茎上部的叶腋处,每个"毛线球"都是由20~30朵雌花组成的。

苎麻的茎皮经过处理之后,可以用来纺线织布。

开花的时候雄蕊会把花粉弹飞

雄花序生长在茎的下部,圆形的结构是即将开放的花蕾。开花时,雄蕊会弹出,并且向后反折。

贴毛苎麻

Boehmeria nivea var. concolor f. nipononivea

苎麻科 苎麻属

♀花期 7~9 月 ✳多年生草本

🗡高 1~1.5m

162

毛茸茸的雌蕊柱头

雌花聚集成球状，就好像一个个毛线球。

雄蕊的花丝上有横纹

雄蕊的细长的花丝上布满横纹，这是它们卷曲在花蕾中时留下的痕迹。

贴毛苎麻的花样子很朴素，雌花长在茎的上部，雄花长在茎的下部。雄花之中，藏着发条一般的机关，在含苞待放的时候，雄蕊在花内卷成圆圈，开花的瞬间，雄蕊向外弹出，趁势把花粉抛到空中。雌花则用它们那毛茸茸的雌蕊收集在空中飘散的花粉，随后发育成果实。这也是苎麻的雌花之所以长在植株上部的意义，那就是让雌蕊能更容易地接收来自其他植株的花粉。在棉花由中国传入之前，苎麻一直是日本非常重要的纤维植物。

乌蔹莓

Cayratia japonica

葡萄科 乌蔹莓属
♀ 花期 6~9 月 ❋ 多年生草本
🌿 藤本植物

实物大小

译注：
中国的乌蔹莓，大多都能结出果实，应为文中所说的二倍体植株。

乌蔹莓经常攀缘覆盖在其他草木之上。许多小花排列成一个大圆盘状的聚伞花序，开花后不久，花瓣和雄蕊就会脱落，花上只剩下雌蕊。花中的橙色部分是它的花盘，上面盛满了甘甜的花蜜，摇摇欲滴，蝴蝶、蜂类、蝇类、甲虫等都喜欢飞到花上大块朵颐。虽然乌蔹莓吸引传粉昆虫的效率很高，但是在日本东部地区却极少见到它们结果，这是因为分布的大多是三倍体植株（染色体数量是普通乌蔹莓的 1.5 倍，无法产生可育花粉）。而在日本的西部地区，乌蔹莓主要是二倍体植株，可以结出黑色的浆果。

经常缠绕在公园绿篱上生长。

花瓣和雄蕊都脱落之后的花

花瓣和雄蕊脱落后，雌蕊会向上拱出、伸长，也就是说，同一朵花会随着时间的推移，从雄花变成雌花。

刚刚开放的花，橙色
的花盘上盛满了透明
的花蜜。

在日本，想看到
果实只能去西
部地区

雄蕊和花瓣脱落后，
花盘会从橙色褪成
粉红色。

略呈扁球形的嫩果，
秋天成熟后会变黑。

165

雌蕊尖上有
轻飘飘的毛穗

雌蕊会反射出
丝一般的闪亮
光泽

雄蕊随风
摇摆

小花被颖层层包裹，探
出来的雌蕊就像毛穗一
样，表面积很大，可以有
效提高授粉效率。

求米草
Oplismenus undulatifolius

禾本科 求米草属

花期 8~10 月 多年生草本
高 10~30cm

注:图片中的是多毛类型的植株个体,此外也有少毛类型。

长长的针芒最终会变黏

颖片的顶端有长短不等的芒,每个小穗上约有 3 根,果实成熟时,芒上会有黏液,人和动物经过时就会黏附上去。

注:求米草是林下和公园草坪上的常见小草,它最大的特点就是叶片边缘呈波纹状皱缩。花朵组成稀疏的穗状花序,摇摇晃晃的雄蕊和毛茸茸的雌蕊露在外面,给它们牵线搭桥的月老就是秋风。每个小穗的外层都包有颖片,颖片的顶端有着长针一样的芒。果实成熟后,芒上会出现黏液,如果有人和动物碰到了它,针芒就会带着果实一起脱落,依靠黏液搭乘顺风车到处传播。所以经常有人发现,自己的裤子上不知何时粘上了好多求米草的果实。

禾本科杂草大集合!

禾本科大多都有细长的叶，依靠风力传粉，是地球上最为繁盛的植物类群之一。它们是组成草原的主力，也是谷物和饲料的主要来源，当然还有很多是人畜无害的杂草。禾本科拥有特殊的穗状花序，每个花序叫做一个小穗，雄蕊随风摇摆，释放花粉；雌蕊的柱头呈毛穗状，表面积很大，适于收集空中飘荡的花粉。

每个小穗中有 5~7 朵花，从下往上顺次开放，看上去就是紫色的雄蕊和毛茸茸的雌蕊一个接一个地钻出小穗。

小穗的颜色从金色到古铜色都有，也有雄蕊黄色和雌蕊红色的类型，雄蕊花药的顶端有小孔，花粉就是从那里释放出来的。

无毛画眉草

实物大小

Eragrostis multicaulis

禾本科 画眉草属
♀花期 8~10 月 ❋一年生草本
▰高 10~30cm

路边、空地常见的杂草，小穗就像尘埃一般细小。虽然花很不起眼，不过小穗中的雄蕊和雌蕊可是一点不少，可谓"麻雀虽小，五脏俱全"。

芒

实物大小

Miscanthus sinensis

禾本科 芒属
♀花期 8~10 月 ❋多年生草本
▰高 1~2m

芒是草原中的主角，是人们所熟悉和喜爱的植物。开花后最明显的标志就是摇摇晃晃的雄蕊。晚秋季节，会长出蓬松的果序，果实上的绵毛可以帮助它们飞扬到远方。在日本，被列为"秋之七草"之一。

每个小穗中有 5~6 朵花，雌蕊像毛刷子一样拦截在空中飞散的花粉。有一些植株全身带有胭脂红色。

骨质总苞包围着花序中唯一的雌小穗，细长的柱头分为二叉，从顶端探出来，它受粉过后，同一个花花上的雄花就开始释放花粉。

拟高粱

实物大小

Sorghum propinquum

禾本科 高粱属

♀花期 8~10 月 ✳多年生草本

🗡 80~180cm

拟高粱在中国南部和东南亚地区广泛分布，在日本属于外来植物，它的叶和籽粒都可能含有毒素，所以不可食用，也不能当做饲料。

薏苡

Coix lacryma-jobi

禾本科 薏苡属

♀花期 9~10 月

✳多年生草本

🗡高 1~2m

实物大小

薏苡生长于水边湿地，雌小穗长在花序的下半部，外面包有坚硬的骨质总苞，仿佛天然形成的串珠，这实际上是特化的叶。雄小穗生长在花序的上半部。

虫子只要进来了
就非得
过夜不可

"苍蝇、苍蝇快进来!"

昆虫会被鲜艳的颜色吸引进花被管中。

形状奇特的花

喇叭形状的花被管实际上是花萼形成的,花中没有花瓣。

马兜铃

Aristolochia debilis

马兜铃科 马兜铃属

♀花期 7~9 月 ❋多年生草本

🌿藤本植物

实物大小

马兜铃是麝凤蝶幼虫的寄主，在农村原野中常见。

马兜铃的花形是多么不可思议啊，看上去就像萨克斯一样，基部还膨大呈球状。其实这是马兜铃的一个陷阱。它开花的第一天，花被管上有倒生的硬毛，在依靠煤气一样的臭味将苍蝇引诱至花里后，苍蝇只能进不能出，这就好像将苍蝇关了起来。这个时候，它的雌蕊已经成熟，可以接受花粉，而雄蕊还没有成熟。待到第二天，雄蕊成熟，并将花粉喷洒到苍蝇身上，同时花被管内的毛开始萎蔫，身上粘满花粉的苍蝇才能爬出去。然后再被下一朵花诱骗，就这样重复地帮助马兜铃传播花粉。

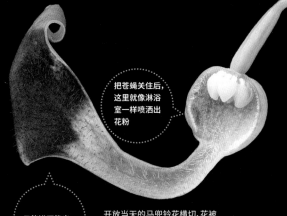

把苍蝇关住后，这里就像淋浴室一样喷洒出花粉

只能进不能出

开放当天的马兜铃花横切，花被管内有着倒生的密毛，让昆虫只能往里前进，不能倒退。

微观世界的
观察方法

放大镜

在野外观察植物时，最方便的就是照片里这种折叠式的10倍放大镜，有多种档次和价位，金属框架和玻璃镜片的比较耐用。

迷你显微镜

便携型的显微镜，放大倍数40~100倍，附带LED照明，花粉粒也能清晰可见，不过价格较贵，而且因为放大倍数高了，视野也随之变小。

令人惊异又感动的微观世界，你想不想亲自体验一下呢？

过去，想要观察和拍摄微观的事物，必须用到昂贵的实体显微镜和配套的专业相机，不过现在不一样了，有了各种各样的方便工具，每个人都能不费吹灰之力就去微观世界中体验一番。

最基本的工具就是放大镜。使用的时候，要把它贴近眼睛，然后再把要观察的物体拿到放大镜前，如果要看的东西太小，可以用小镊子夹住，此外，小刀和绘图用的记事本也都是常用到的工具。

近年来，很多商家还推出了迷你显微镜，放大倍数更高，就连指纹那么小的东西都能看清上面的各种细节，还有一些型号可以连接到电脑上，利用电脑屏幕来呈现画面。

手机用显微摄像头

价格便宜，可以安装在智能
手机的摄像头上，由于画面
呈现在手机屏幕中，所以可
以让别人也一起观察，用来
拍照也很方便。

利用数码相机的微距拍摄和放大功能，可以在相机的屏幕
上自由缩放图像，让其他人也能同时看到，还能拍下照片。

最近，还出现了一种夹在智能手机摄像头上的显微镜头，
用手机观察和拍摄微小事物就变得十分方便了，还可以看
着屏幕调整焦距，拍下显微视频。

另外，现在还有一些免费 APP，可以直接在屏幕上放大
手机摄像头捕捉到的图像，放大倍数是 2~10 倍，用来看
远处物体时，就相当于望远镜。有些手机上预装的扫码
APP，也能当放大镜来用。

其实，把望远镜前后反过来用，效果也和放大镜差不多，
有兴趣的话可以去尝试一下。

古时候的药草

在医药都不发达的古代，人们只能利用身边的植物煎药、泡茶来尝试对抗疾病，所以药草对古人来说非常重要。

比如说蕺菜，它在日本有个古名写作"十药"，是因为过去人们认为它的药效有十种之多，会用它的叶子煮茶喝，觉得可以防治疾病。我祖母那辈的人，会用蜂斗菜的叶子裹着蕺菜叶在火上烤，把渗出来的黏液当成治疖子的外用药。正因为这样，过去有很多人会在身边种植蕺菜，直到今天，它们往往还都生长在房前屋后。最近，人们在蕺菜的恶臭成分中发现了抗菌物质，如果它对疖子真有疗效的话，说不定就是这些物质在起作用呢。

虎耳草也是古人非常重视的草药，过去如果小孩突然惊厥、抽风，人们就会去庭院里采摘虎耳草叶，挤出来汁液喂给孩子。虎耳草在日本终年常绿，一年四季都能采摘，有人耳道发炎或者身上起了脓包，也会去吃虎耳草叶。天胡荽在日语中名叫"血止草"，这个名字的来历是因为古人用它的叶片来止血，我在上小学的时候，有一次受了点小外伤，当时在场的朋友就把天胡荽的汁液抹在叶片上，敷住我的伤口，过了一会就不流血了。

类似的例子还有很多，比如有人用蛇莓果实泡酒来治疗蚊虫叮咬，繁缕的茎叶晒干磨粉再和盐混合，就是日本古时候刷牙用的牙粉。像车前、魁蒿、日本活血丹的叶、薏苡的果实、蒲公英的根，都是人们制作保健饮料的原材料。

啊，说到这里，我突然想起来，曾经有个朋友从我家讨要了一些蕺菜走，说是要用来治疗痔疮，是不是真管用呢？我来打个电话问一下吧。

杂草的科学

利用了人类的杂草

一般来说,杂草的定义是:在人类计划外的地方生长,没有什么直接的用途,甚至还可能对人类生活和生产活动有害的植物。但这只是站在人类的视角去看的,现在,我们来站在植物的视角来重新审视一下杂草吧。

杂草的种类众多、来源复杂、外形也是多种多样,不过它们都有个共同点,那就是生活在人类身边,利用人类来繁殖后代。

自然界中的野生植物,都要在严酷的自然环境中和其他植物殊死竞争,才能守住自己那一点点生存的空间。在一个生态系统里,先定居的植物已经将生存资源瓜分完毕,外来的杂草其实很难再有容身之所。不过在人类开始活动之后,比如砍伐树木、修建道路、开辟农田、建造城镇等,就会创造出许多没有植物生长的空白地带,这时,杂草们就可以凭借自己生长迅速、繁殖高效的优势攻城掠地。

在日本的道路旁,现在经常能够看到虎杖。在自然界中,它们生活在火山形成的砂石地带,本来就十分适应干燥、荒凉的环境,侵入到人类创造出的荒地里也是顺理成章的事了。所以说,虎杖能成为成功的杂草,靠的都是天赋啊。

不管是人还是杂草,想要成功都必须在暗地里多下功夫,磨练各种能力和技术。作为杂草,它们要磨练的技巧就是适应人类创造的新环境、不断演化,这样才能繁荣昌盛,在人类的身边成功生存下去。

旺盛的繁殖力

杂草的繁殖能力非常旺盛,有很多种类的种子都有着蓬松的结构,可以借助风力传播,它们采取的策略是以数量取胜,只要种子足够多,总有一些能落到适于生长的空地上,随后,种子就生根发芽,沐浴着明亮的阳光茁壮成长。生长在旱田和花坛中的杂草,大多是一年生植物,种子成熟后植株就枯死了,这是因为植株将维持茎叶生长的能量全都用在了种子发育上,尽可能地制造出最大数量的种子。

如果种子落到了不适于生长的环境里，一般就会进入休眠状态，等待着环境改变的那一刻到来。有些植物种子的休眠期极长，比如月见草，已知的最久休眠纪录是80年，土壤种子库就是这样形成的。不过有意思的是，那些在土壤中休眠的种子，当环境变得适于发芽时，同一种植物的种子往往不会全都萌发，有一部分会依然保持休眠，有观点认为，这可以防止一起发芽后，遇到除草或耕作而被全灭，也是一种规避风险的生存策略。

而河滩、湿地等受干扰频率较低的环境，就是多年生植物的地盘了。比如高大一枝黄花，它们的地下茎在土壤中生长蔓延，只需要一年时间，1根就能增殖成50根。白茅的地下茎像地铁线路一样纵横交错，最深能扎到地表以下1.2米的地方，这是农具够不着的深度。白茅入侵到农田以后，地下茎一旦在耕作过程中被切碎，不仅不会死亡，反而能从碎片上顽强地再发出新芽。

灵活多变的生活方式

自然环境中的植物，一般都有着固定的萌芽期和花期，而杂草就比较灵活了，比如说鼠曲草和宝盖草，原本是秋天萌发、春天开花，但如果正好遇到农田翻地或者割草，它们也会在夏季萌发、秋天开花。一年生的杂草，只要环境条件适宜，萌芽、开花、结果根本就不在乎季节。不仅如此，它们植株个体的大小也有很大浮动，这也是我们为何会经常在很矮小的植株上能看到花朵的原因。比如长英罂粟，植株一般有40厘米高，花直径约5厘米，但是也发现过高度仅5厘米、花直径1厘米的个体。此外，荠菜和碎米荠也都有些个体能在2厘米高的时候就开花。一年生植物之所以会这样，是因为它们如果没能成功留下种子，自己的血脉会就此断绝，所以无论如何也要拼命地传宗接代。

雌蕊和雄蕊的结构

很多植物都有自交不亲和的特点，雌蕊必须接受其他同类植株的花粉才能结果。这种特性可以提高后代的遗传多样性，遇到环境剧烈变化和病虫害时，生存下去的可能性也更大。另外，还有许多植物有雌雄蕊异熟的现象，也就是同一朵花中的雌蕊和雄蕊不在同时成熟，也就避免了自花传粉。

但是，杂草之中有不少种类没有这些特点，它们生存的首要目标就是留下后代，所以不管是缺少传粉昆虫还是附近没有同类都无所谓，自花传粉也能正常结出果实。这样的植物就没有自交不亲和性，雌蕊和雄蕊的位置挨得很近。

野老鹳草和荠菜的花就是这样，雌蕊和雄蕊紧贴在一起，而且同时成熟，正常情况下依靠昆虫异花传粉；如果昆虫没来，也能自花传粉。一年生杂草中有很多类似的自花传粉植物。

鸭跖草就更加主动一些，它们的花朵在快要凋谢时，雌蕊和雄蕊会往上卷起，确保自花传粉的成功率。

自花传粉就和近亲交配一样，后代中容易出现不利的变异。但是对于很多杂草来说，产生种子传宗接代更为重要，自花传粉只需要一株就能繁殖，就算是植株长在了没有昆虫的荒凉地方也无所谓，所以总体来说是利大于弊。

既然都不需要昆虫传粉了，那也就没有必要在招蜂引蝶上再下功夫，所以那些自花传粉的植物，花朵大多朴实无华。我们可以对比一下老鹳草属的两种近亲植物，野老鹳草可以自花传粉，它的花朵就不如异花虫媒传粉的中日老鹳草艳丽。这是因为如此一来，就可以把生长漂亮花瓣所需要的能量节省下来，分配给种子发育使用。

不断增加的外来物种

近年来，日本的外来植物与日俱增，特别是在都市和工业区，那里的植物有 30% 左右都是外来物种。如高大一枝黄花、三裂叶豚草这样的大型外来植物，已使郊野和河边的景观都发生了剧变，它们不仅通过竞争威胁到本地植物，而且还影响昆虫等动物的生存，甚至干扰整个生态系统的平衡和稳定。比如日本原生的蒲公英，现在很多地方已被入侵的药用蒲公英所取代了。另外，有些外来入侵种还会和原生的近缘物种发生杂交，污染本地物种的基因库。

外来物种为什么会越来越泛滥呢

主要原因有三点：一、随着全球化的进程，从海外过来的货物和人员越来越多，植物种子被带进来的可能性也越来越大，有些是人们有意携带，还有一些是无意间混入商品或是附着在商品包装表面；二、日本国内的大规模开发，导致各地出现了很多广阔空地或是填海区域，这成为外来入侵植物最好的定居地和繁殖温床。这种干旱的裸地在日本过去并不多见，本地植物并不太适应这种环境，而那些来自于世界其他干旱地区的植物，到了这里就可以说是如鱼得水了；三点、在外来入侵种的原产地，有昆虫专门取食它们的叶片，也有菌类寄生在它们体内，所以它们无法兴风作浪，可是到了别处，缺少这些天敌，它们就可以肆无忌惮地增殖了。

在自然状态下，外来植物其实很难入侵到森林和草原这些稳定的生态系统里，但是，架桥修路、清理河道这些开发工程会制造出裸地，外来物种就会乘虚而入了。现在，政府也在评估各个外来物种的入侵风险，禁止种植和移栽那些入侵风险大的物种。

去探寻身边的杂草吧

在我们的日常生活中，杂草总是被嫌弃的对象，即使它们对生态系统有着很重要的作用，也会被毫不留情地清除。如果生长在农田和花坛里就会被拔掉，生长在路边就会被割平。

但如果住在都市里，杂草其实是既容易观察又很有趣的东西，它们的叶、花、果都饱含着神奇的生存智慧，在那些人工驯化出的美丽花卉身上可是不太容易发现。而且杂草的花和叶还可以撕开或者切下来观察，这种丰富多彩的自然观察体验，对于小孩子来说可是必不可少的。

生长在庭院、公园、路边的茂盛杂草，还是蚂蚱、螳螂、蜘蛛等小动物在都市当中难得的栖息地。一片区域中野草的种类越多，昆虫的种类也就越多，然后会吸引蛙类、鸟类等更大型的野生动物，提高生物多样性。

说了那么多，好了，现在不如就拿起放大镜，去观察杂草的花和叶吧，你可能会发现一些出乎意料的宝藏！

译后记

吴昌宇

我的专业是植物学。作为一名非翻译专业出身的人，受邀翻译《花朵的秘密生活——杂草之美》1、2册这两本书的经过，多少有点机缘巧合。由于多年来一直从事以植物方向为主的科普创作工作，不敢说水平多高，见识多广，但同行的各种作品也看过不少，然而，当拿到这两本书的日文原版后，还是着实眼前一亮。书的原书名为《美しき小さな雑草の花図鑑》和《もっと美しき小さな雑草の花図鑑》，虽然有"图鉴"两字，但是书中的内容和表现形式与一般意义上的图鉴，完全不同。

两本书的文字作者多田多惠子是一位日本著名植物学家，摄影者大作晃一则是著名自然摄影家。这两本书在物种的选取上并不求全，每本都只选取了70种左右的植物，还都是所谓的"大路货"，一个珍稀濒危的物种都没有。但却以非常优秀的拍摄手法和精美的排版方式，向读者展示了这些看起来不起眼的植物很多有意思的生存细节。换句话说，这套书的两位作者的创作心态，并不是要像老师一样，以教会读者多少知识为目的，而更像是美食探店博主，去过一家店感觉很好吃，就把自己的经验写出来与大家分享。光是这种创作心态，我认为就值得我们创作者学习，

别的好处不说，它至少能让读者读起来更放松、更舒服。

在翻译的过程中，我也不可避免地遇到了一些困难，最多的就是物种的中文译名问题。这两本书中提到的绝大多数物种，在我国都有分布，只有少数几种我国目前没有，并且也没有公认使用的中文译名，比如 *Desmodium paniculatum* 这个物种，日文名汉字写作"荒れ地盗人萩"，"盗人萩"在我国有分布，现在的中文正名叫"尖叶长柄山蚂蝗"，如果按汉字直译，就要叫"荒地尖叶长柄山蚂蝗"了，很明显会给读者增添阅读困难。所以我只好根据学名中种加词的拉丁文词义，暂拟一个"锥花山蚂蝗"，如果有读者之后在权威学术资料中见到了其他译名，请以此为准。

另外，还有几个物种涉及到不同的分类学观点，比如美洲鳢肠和鳢肠、光千屈菜和千屈菜是合并还是分开？日本的马棘和中国的河北木蓝是不是同物异名？出于尊重原作者的考虑，我在正文中都是按照原观点翻译的，最多只是加了一句译注作为提示。

科学研究在不停发展，日后不管是哪种观点得到了更广泛的认同，也请各位对另一方观点多多包涵。